Zero Waste

零廢棄的
美好生活

呂加零 著

<自序>

動起來，
過友善環境的「變態」生活吧！

　　2016 年底，我開始嘗試零廢棄生活，像電腦重新開機一樣，啪地一聲就開始了 !!

　　起因是有一天，我在臉書上看見朋友分享自備容器買早餐的照片，正好也在吃早餐的我，無意識地對比了一下眼前的餐桌，天啊，滿桌子一次性餐具！霎時間小小的衝擊到我：「喔！原來有這樣不製造垃圾的吃早餐方法。」

　　我們家一共住了九口生物，除了我和先生外，還有七隻貓，光是柴米油鹽需用的垃圾，就常常擠爆垃圾桶，真的很令我頭痛，而且倒垃圾實在很麻煩……原來有方法可以避免掉這個煩惱喔 ?!

　　這激起了我的好奇心，開始對垃圾產生許多想法：容器材質、成分、製造流程，以及分類法、回收制度等，很想知道這些垃圾到底是怎麼來的，丟到垃圾桶後續都發生什麼事？這是第一次我意識到，為生活帶來便利的包材，無論是塑膠、紙類、玻璃，當我們使用完後把它們丟進垃圾桶，被垃圾車載走之後究竟怎麼了？都往哪裡去了呢？

　　在旺盛的求知欲驅使下，我透過網路蒐查到許多相關課程，只要時間允許，我就會去參加。2017 年 3 月 1 日是我第一次參加關於塑膠汙染的課程，那是由主婦聯盟台中分會講師主講的課程──「塑膠危機」。聽過這堂課之後，才真正翻轉了我對塑膠的認識，了解到塑化劑不只用在食器，連食品添加劑，甚至洗髮精、沐浴乳都可能含有這種致癌物。

　　儘管講師交代，課後回到家千萬不要太激動的和家人分享，但我深深感到事態嚴重，一回家就忍不住和老公分享。果然如講師所料，家人的反應也會很激動！當老公聽到我說：「你知道嗎？健康食品也可能含有塑化劑，不要亂吃！」他想都沒想就

劈頭說：「你走火入魔了！」

　　經過三年多的努力，那個斥責我傻了、怕丟臉、拒絕自備容器採買的老公，也因為做環保附帶了些小惠而樂於攜手一起減塑，並且共同創造出一個月只有 104 克垃圾的奇蹟，更引來了媒體的關注。上海的一条視頻甚至跨海採訪，剪輯成五分鐘短片，超過近 100 萬次的點閱率，我們夫妻還因此多了「變態夫妻」稱號。這個聽起來不怎麼光彩的封號，因為是愛護環境而得名，我們反而覺得榮幸，希望藉由自身和「零廢棄教會」夥伴的身體力行，拋磚引玉地讓更多人加入這個「改變生活型態」的行列。

　　其實，只要有心，**在建立觀念之後，要改變習慣就不是那麼困難了**。寫下這本書的目的就在於此，希望透過我們夫妻一步一腳印的實踐，讓大家了解減塑、**減少垃圾，沒有想像中那麼不方便，無形中還有擴充財庫的好處**，最重要的是，那種花錢也買不到的充實感和幸福感，如果沒有親身經歷是無法體會的。從這一刻起，就跟我們一起來過心靈富足的「變態」新生活吧！

contents
【目錄】

contents
【目 錄】

Chapter 4
零廢棄的生活態度

Chapter 5
貓旅館的零廢棄實踐

contents
【目　錄】

contents
【目 錄】

Chapter 6
我們與垃圾的距離

Chapter 7
零廢棄創業

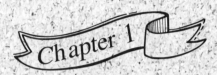

做一個有意識的生活者

「少買點、選好的、用更久。」

（Buy less, choose well, make it last.）

──龐克教母薇薇安‧魏斯伍德（Vivienne Westwood）

什麼是有意識的生活？

　　我們家，除了我及先生之外，還養了七隻貓咪，生活在一棟座南朝北、勉強可稱作三層樓的透天厝。一二樓當店面使用，再往上約莫 12 坪的頂樓加蓋，就是我們夫妻倆的起居空間，僅簡單的隔出一間浴廁和一個小陽台，過中午會有些許日照可以在陽台上晾衣服，也種了些黃金葛綠化環境，角落裡還放了個簡易的堆肥桶，方便我們丟棄吃完的水果皮和籽。

　　我們住在這屋子大約八年了，在這裡開了一家貓旅館，每天與貓咪為伍。早上我和先生會分頭餵食貓咪、整理好環境後，拿著便當盒買好早餐完食，再出發去客人家照顧貓咪（到府餵貓），下午營業前把早上必須完成的工作做完再回來開店，一直到晚上。雖然是日復一日地做著同樣的事，卻比以前無意識的生活要有趣多了，每天都過得非常充實。

住家和辦公室設在一起，不需要用到交通工具，**完全零碳排放。**下樓就到達上班的地方，住家的溫馨小廚房連結著辦公室，朋友來拜訪時立刻搖身成了開伙暢談的小天地，而且客人上門也能馬上招呼。

不只如此，每天所需的飲食和生活日用品，也是在走路或騎腳踏車可達的範圍採買。雖然我們家離超市很近，但我幾乎都不去消費，**因為不想產生太多廢棄物，所以刻意選擇可零廢產生的消費方式**，自備容器到傳統市場和雜貨店採買，只有像是買貓咪需要的鹽巴（貓食中補充碘必需），才偶爾到超市購買。

我們一家九口，就這樣以有意識的消費方式和生活態度，從 2016 年開始執行零廢棄的環保生活以來，創造了一個月只產出 104 克垃圾的佳話。總共 819 個日子裡，我們一共減少製造了 3,276 個塑膠袋、1,638 個拋棄式杯子、1,638 雙衛生筷、1,638 個紙容器、1,638 支吸管、400 片（66 包）衛生棉、39,000 張（390 包）衛生紙，並且少買了 54 件衣服和 10 雙鞋子。

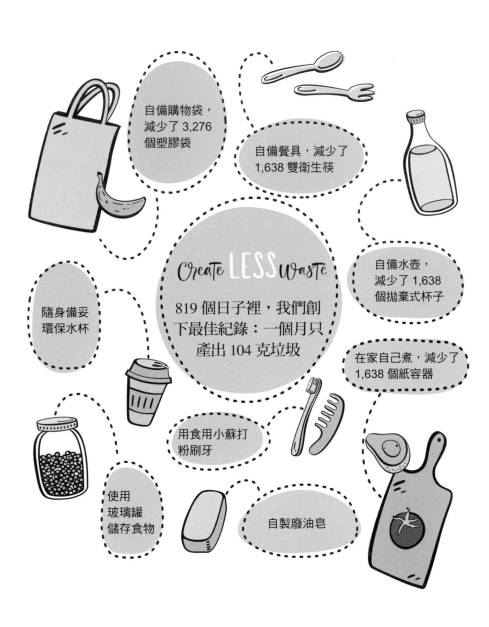

自備購物袋，減少了 3,276 個塑膠袋

自備餐具，減少了 1,638 雙衛生筷

自備水壺，減少了 1,638 個拋棄式杯子

Create LESS Waste

819 個日子裡，我們創下最佳紀錄：一個月只產出 104 克垃圾

隨身備妥環保水杯

在家自己煮，減少了 1,638 個紙容器

用食用小蘇打粉刷牙

使用玻璃罐儲存食物

自製廢油皂

戒掉無意識的消費行為

　　在還沒認識零廢棄生活之前，我因為工作及原生家庭帶來的壓力，必須求助精神科醫師，每晚都要借助安眠藥求得好眠，這樣的日子大概持續了三到四年。回首那段日子，我問自己到底為了什麼事而沮喪、情緒低落，必須要靠服藥來求得逃避現實六個小時？認真論起來，還真的是模模糊糊沒有答案，唯一明確的是，每天每件事都以經濟為第一考量，為了追逐金錢而奴役自己，同時作為三明治族所背負的家庭義務，也讓我壓力破表，不自覺地仰賴消費來紓壓，落入追求物質再追逐金錢的惡性循環，日復一日過著毫無意義的生活，可以說是為了活著而生活。

　　在接觸到零廢棄生活時，剛好是我戒安眠藥的中期。安眠藥跟毒品一樣都是會上癮的，不是說你不想吃就可以馬上不吃，戒斷症狀非常可怕，甚至會讓人三天睡不了覺。要想

擺脫安眠藥就必須有計畫的進行，漸進式的把藥戒除，我也因為每天都做到既定目標，而成功脫離了藥物的控制。

看到這裡，大家可能會想說，這跟零廢棄生活有什麼關係？兩者之間的共通點，就在於都必須改變生活方式。我因為換了一個不吃藥的生活而得到救贖，沒有身歷其境的人很難體會，**只有親身試過才能理解箇中道理**。零廢棄生活也是如此，我們太習慣塑膠袋、紙盒等包裝材料帶來的便利性，**沒有強迫自己改變，你不會知道自己早中了這種方便性的毒癮！**

減少不必要的垃圾或戒掉無意識的生活，說穿了就是換一個生活模式罷了。一開始要戒掉這個便利癮，你可能會覺得很困難，但只要建立觀念，找到方法有意識地去執行，你會發現你以為的不便其實一點也不，**便利的生活不過就是一種商業模式，你只需要把自己的生活換成另一個模式**，一點都不麻煩，很容易就能養成良好的生活習慣，開啟美好生活。

過去被物質奴役的我，買東西是生活中唯一的樂趣，一年中唯一讀的一本「書」就是百貨公司的週年慶目錄，每一樣東西都想要，兩眼來回不斷掃瞄獵物，看看有沒有什麼是我能買的，當時的我完全沒有想過，有一天我可以拋棄用物質來定位我的生活。

減少不必要的垃圾
或戒掉無意識的生
活，說穿了就是換
一個生活模式罷了。

 購買衣服不要質量，要數量

老公：「我覺得我的衣服很少耶！！！」

我：「好啦！馬上幫你買！打開手機 APP 立刻幫你處理！」

隔兩天，就寄來「一箱」貨到付款的快時尚服裝，真是快速又便利。而且我不是只買三、四件，而是一次買了十件，甚至不小心還會買到上一季買過的，整理衣櫃時才發現自己重複買了同一件衣服。

CP 值是現代人追求的價值指標，而快時尚除了符合這個原則外還相當便利。我和先生大概一兩個月就會買一次衣服，出國玩之前也一定會買，只要一覺得需要補貨，就上網或點開手機 APP，看到便宜好看的就敲敲手指，經常都是一訂就一大箱。迅速增加的數量把衣櫃塞爆了，然後又要挹注經費振興「收納」產業，有的人還滿到需要付費請收納師來幫忙收拾消費過度的慘狀。像這樣以為買到便宜，但因為**消費次數頻繁，加總起來的金額還不如買一件耐穿、「質量」好的衣服還比較划算。**

我們不只在買衣服這件事過度消費，生活用品也是。腦袋不斷地下指令，讓我一直買一直買，例如我先生會把事務工具如計算機、剪刀到處亂放，總讓我遍尋不得。因為想說多買幾支就不怕找不到、沒得用，於是演變成一樓辦公區就有四台計算機、六把剪刀（可能不只）。但事實上，當我要使用這些工具時，還是一樣找不到。**為了隨手取得，一樣物品就買了好幾個，這種無意識的消費行為，並沒有真的帶來便利。**

我亂花錢了那麼多年，荒唐事蹟數也不數不清。學生時代開始養成了追逐 3C 潮流的惡習，當時打工存下的錢，都拿去買了上萬元的數位相機、筆電和手機，每年只要出了新款式，我都會找理由換掉，隨著 1G 到 4G 的上網速度升級，我已經換過不知多少支智慧型手機了，而且虛榮心作祟下，就算占去了很大的收納空間，還是小心翼翼地保留著象徵榮耀的蘋果系列包裝盒捨不得丟。這些 iPhone、iPad、iMac 的外盒，正記錄著我的無意識消費史。

另一個沒節制的消費黑歷史就是出國了。每次出國都會讓我莫名的湧現出強烈的消費欲，還沒出發就先上網下單把商品寄到飯店，然後整個行程能買就買，買到行李裝不下，

就再買個行李箱來
裝，累積至今已有
三個 32 吋、二個 28
吋、一個 20 吋的行
李箱。有一回我先
生不禁問我：「你
為什麼不用紙箱打
包就好了？」天啊，
我還真沒想過有其
他替代方案，一心
只想著有輪子推到
機場比較輕鬆，於
是就花了萬把塊買

❤ 這些蘋果盒子，標記著我無意識消費的荒唐史。

行李箱。現在如果有朋友或客人要出國，我都很樂意出借行
李箱，也順便**再提醒一下自己戒斷這種無意識的消費行為。**

 落入特價消費黑洞

　　人總是這樣，看別人很清楚，看自己就糊里糊塗。在還

沒開始減塑之前，我偶爾假日去到人滿為患的美式大賣場，看到大家一窩蜂不要錢似的在小山高的毯子堆裡搶貨時，我都忍不住要抓著人問：「很便宜嗎？為什麼搶成這樣？」每每聽到的回答幾乎都是：「我看大家都在搶，就拿了一件，也不知道多少錢。」

其實這種景象在打折、特賣會、跳樓大拍賣的場合很常見，我自己雖不至於愛湊熱鬧到這種地步，但是也很難抗拒百貨公司週年慶的折扣誘惑，荷包裡的新台幣蠢蠢欲動，很想把所有喜歡的東西都一一下架。人家買保溫瓶是想省錢省電，但我買保溫瓶是因為特價，還連續買了四支；滿千送百、兩件六六折、第二件五折、滿千免運，各種優惠目不暇給，根本沒有餘暇去思考到底用不用得到，只是不斷聽到「不買對不起平常辛苦賺錢的自己」的鼓吹聲。這種特價催眠下買回的戰利品，當然很多連拆封都沒拆封，甚至放到忘記，下次看到大打折再繼續買。**用不到的東西，再便宜都是貴**，這種特價迷思只會帶來瞬間的消費歡愉，實際上卻是一個恐怖的大錢坑。

選擇天然和耐久用的材質，
已是環保常識。

木頭材質可自然腐爛

不鏽鋼、玻璃材質
都可以重複利用

麻繩也是天然素材

減少一些不必要的開銷，我一年至少省下這麼多！

每次生理期花費 200 元（衛生棉條）×12 個月＝ 2,400 元

生活用品（衛生紙、洗髮精、清潔用品等）

　　1,000 元 ×12 個月 ＝ 12,000 元

減少購買手搖飲 182 杯 ×35 元＝ 6,370 元

減少購買衣服和鞋子 20,000 元

減少購買至少 2 支手機 ×12,000 元＝ 24,000 元

減少購買保養品及化粧品 2,000 元 ×4 季＝ 8,000 元

減少更多外食的可能 1,000 元 ×12 個月＝ 12,000 元

減少更多的電費，節省（含住家店面）一年 30,000 元

一年可以省下 11 萬多，這些錢都可以玩一趟歐洲，而且是高級旅行了。

那些啟發我零廢棄生活的夥伴

零廢棄只要五步驟:「拒絕你不需要的
→減少你需要的→重複使用你消費而來的
→回收你不能拒絕／減少／重複使用的
→分解剩下的殘渣做成堆肥。」

──《我家沒垃圾》作者貝亞‧強森（Bea Johnson）

拒絕便利生活，讓心靈更富足

　　啟動零廢棄生活時，在人際關係上遭遇不少挫折，家人不認同，朋友也覺得我瘋了，幹嘛要和這世界唱反調。既然身邊的親友不買帳，我就每天在臉書上傳「減廢日記」，想說感染一下臉友，找到志趣相投的人。才起步不久，就有大概一半的人取消追蹤我的動態，因為大家都和我先生一樣，認為我入戲太深，減廢根本不是正常人做的事。儘管每天為了減廢吵吵嚷嚷的，我卻一直樂在其中。對很多人來說，減少垃圾是一件難事，但我反而覺得極富挑戰性，而且越深入實踐，越覺得有趣，沒想到拒絕大家習慣的便利生活還為我帶來了許多正向的變化！

　　不認同的人離開了，相對地留下來的人不是認同理念，**就是也跟我一樣實踐著減廢生活**，慢慢地累積了不少同溫層朋友，也因為更深入追蹤環境議題，擴充不少相關知識。現在我有很多讓我感覺幸福的朋友，也許別人看來他們也跟我一樣是個瘋子，但**我們真的只是單純、沒有心機、只想著為環境好的人**，我真心感謝他們一路上的陪伴，以及帶給我很多的靈感。

　　我和這些朋友為了「零廢棄」攜手做了很多瘋狂的事、辦了很多活動，像是零廢棄交換、無價市集、一起去幫助學校，一起想辦法辦一個「沒有垃圾的園遊會」，努力讓活動不產生垃圾。以前跟朋友相聚，聊的總是怎麼賺大錢、如何擴大口袋深度，淨是一些枯燥乏味的內容。但是跟這些朋友在一起時，從沒有因為金錢匱乏而討論一些市儈的話題，更常一起為環境汙染的新聞生氣，其中還有人可以讓我詢問專業問題，而且總是比 Google 還即時。**我非常珍惜這群跟我一起為垃圾減少而開心興奮，帶給我很多正能量的朋友。**

海廢藝術家唐唐，
激發我零廢棄的決心

　　在海洋汙染、禁塑的民意推動下，2019 年 7 月 1 日開始明令政府機關、學校、百貨和購物中心、餐飲業等，不得提供一次性塑膠吸管。突然間被嚴令不得使用，**生活上多了一點不方便**，眾人這才被迫直視海洋垃圾問題。我自己也是在投入減廢生活之後，慢慢關注起這個議題，起初只是思考著：「為什麼大家去海邊玩，要把垃圾留在海邊呢？」這種很淺表的問題，越深入才知案情不單純，海洋垃圾的來源十分多樣，我們所知的只是其一，占不到 0.01%。

　　在我的減廢夥伴當中，有位暱稱「唐唐」的 O2 Lab 海漂

希望引發民眾關懷環境的意識，開啟眾人愛地球的意念。

實驗工作室負責人，本名叫作唐采伶。她在自我介紹時，總
是說自己是在澎湖做資源回收的，其實她是利用淨灘之名，
行海廢藝術品創作之實。對我來說，她也是一位環境教育者，
經常到各地講演，分享她的經驗。

　　面對眾人避之唯恐不及的海漂垃圾，唐唐卻能化腐朽為
神奇，巧手改造成吸引人的文創商品，我也是因為這些海漂
藝術品而認識她。第一次見面是在她的文創攤位上，不過讓
我對她產生好奇的並不是商品，而是我看到她也自備餐盒去
買飯。難得遇到同路人，我事不宜遲，馬上追蹤她的粉絲專
頁，才知道她每天都在淨灘撿垃圾。這又讓我更加好奇了，
想了解真的光撿垃圾就能過活嗎？於是某一天我傳訊給她，
問她能不能花一天帶我看看海漂垃圾的狀況，沒想到她熱情
的答應了。我人生第一次到澎湖旅行竟然是為了垃圾而去，
但也因為這一趟深度的環境教育之旅，讓我有了更大的轉變，
也**為我的零廢棄生活注入一股很大的動力。**

　　首次踏上離島澎湖，既然是為零廢棄而來，當然不能再
多製造垃圾，所以我只帶了簡單的行李，裡面裝了水瓶、便
當盒、餐具、手帕、購物袋，和兩、三個拉鍊袋用來裝澎湖
名產，搭乘第一班早機展開不超過 48 小時的旅程。抵達澎湖

　　的時間還早，先去了傳統市場晃晃，順便吃早點和品嘗當地小吃，接著去參觀政府有在維護的乾淨海灘，和沒人維護的滿是垃圾的海灘，最後一站抵達天堂路體驗淨灘。整個海岸到處散落垃圾讓我感到十分震撼，無法想像這些奇奇怪怪的垃圾竟然是從海裡漂上岸的，而且根本撿不完，就算一口氣把這些海漂物清光了，隨著下一次漲潮又有新的垃圾被打上岸，既然如此，為何大家還是很樂於參與淨灘活動呢？

　　唐唐說：「日日撿不是唯一。」海邊的垃圾撿也撿不完，這些垃圾都是不當掩埋或隨意丟棄，從水溝流到河川，最後流到出海口、海洋。看過了乾淨與不乾淨的海灘，著實翻轉了我的腦袋，原來每一場淨灘活動最主要的目的，不在於撿了多少垃圾，而是從這一天起是不是**有更多人可以做到「日日減少垃圾」**，其背後的意義，就是希望引發民眾關懷環境的意識，開啟眾人愛地球的意念。唯有這樣，海洋垃圾的問題才有解方，這就是我從唐唐身上學到的，正確且震撼的環境教育。這趟旅行加快了我零廢棄生活的腳步，讓我更有動力，從自身做起日日減少垃圾，努力示範如何帶給環境正面的影響。

1 便利的塑膠製品是海漂垃圾大宗。
2 我們是零廢棄生活實踐者。
3 請減少使用塑膠袋，一起來愛護環境。

用喜歡的手帕裝食物，看起來更美味了。

茁食小攤主 Bella，
為我的零廢生活注入活水

　　環保不只是減用塑膠這麼簡單！為了生存就一定要吃飯，飲食占去每個月生活消費大宗，錯誤的消費行為也會造成土地的負擔。我執行零廢棄生活後的第三個月，認識了一位專賣自然農法作物的菜販朋友 Bella 琇媚，她開了一個「茁食小攤子」，只販售無農藥、無化肥蔬果的攤子，是個身體力行照顧土地的人。

　　Bella 說她第一次看到我時，印象最深的是我幫婆婆整理了三、四百個塑膠袋。當時她基於農友和她都需要乾淨的塑膠袋，所以就答應回收我的塑膠袋，結果當我真的拿去給她時，她嚇了一大跳，居然有這麼多，也因為這樣她的爸媽都稱我為「環保小尖兵」。Bella 很坦白地告訴我，當時她覺得我應該是個性龜毛、超麻煩的人，而且深信我是那種看到任

何人製造垃圾就會破口大罵的人，一開始還真有點怕我，不知道怎麼與我相處。

正式往來之後，**Bella 成了零廢棄生活很重要的夥伴**，而且是股堅實的支撐力，不只她，連她父母也給予我們很大的心靈支持，如果我太久沒去找 Bella 買菜，她爸媽都會問起：「那個環保小尖兵怎麼這麼久都沒有來？」Bella 說：「你也算是小攤子推手之一，因為你做環保，你的堅持感動了我爸媽，而且你很隨和，也會尊重每個人的選擇，不會讓他人有壓力。爸媽都認為你讓人感覺舒服，而且環保是應該要做的事，所以在回收二手包材這件事上，他們都非常支持。」

1. 笑容親切溫暖、友善大地的 Bella，一實踐零廢棄就挪出三坪空間給眾人放置回收物。
2. 當時整理到哭，難怪我先生要說我走火入魔，想想還真的沒說錯。

受到零廢棄的精神感召，Bella 公開回收紙箱、紙袋、玻璃瓶、塑膠袋等，而且行動力超嚇人的，雖說是被我影響而去做，但是卻大器的挪出家裡的三坪空間放置來自各處的回收物，著實令人佩服。去年 Bella 宣布暫時不再回收二手包材了，因為真的多到用不完，而且客人們也被她感動，**養成自備購物袋的習慣。**

塑膠袋又輕又便宜，而且不怕滲漏，長年來給人們的生活帶來極大的便利，只要走一趟超市、傳統市場、外帶飲食，一定順便帶回一堆塑膠袋。即便是像 Bella 這樣的有心人，力求減少使用塑膠袋，甚至嘗試了用葉子當包材，但實際執行之後卻發現難度頗高，葉子消耗得極快，農友都來不及供應，而且炎熱的天氣下葉子容易腐爛。所以，Bella 不得不改變對策，回收來她攤子買菜的客人用過的塑膠袋再利用，**盡可能的減塑。**

散發愛與熱情的零廢棄生活夥伴

　　人生第一次上法院，居然與我熱愛的環保生活有關，最後以不起訴為處分，儘管結局美好，但過程實在是狗屁倒灶。雖然是無聊小事，但也值得一提。事由是，我在網路上看到廠商賣的一個環保商品，這項商品標榜環保、可分解、取自大自然回歸大自然，但是並沒有寫上成分。剛開始看到這個可重複使用的環保商品，實在好開心，不過鑑於看「成分」、求證「真假」是常識，特別是這種標榜「環保」的商品更要小心，所以我自然也和朋友討論了起來。

　　朋友和我在社群版上公開討論，不斷地向廠商發問，問到廠商認為我們是在找麻煩，於是濫用司法，提起訴訟要我們噤聲。我們被告妨害名譽，對方希望藉由興訟來讓我們閉嘴，不讓消費大眾知道他們的產品實際上是不能分解的。我接到警局的電話之後，就和朋友討論如何應對及備戰，翻遍

了消保法法條、詢問了環保局和塑膠工業研究中心，準備好大量的資料先去做了筆錄，對方也費心的準備了好大一疊不是台灣認可的資料，不過備妥的這堆資料最後都沒派上場，因為對方是提告毀謗，就案子本身來說，環保並不是重點。

在台灣，人人都可以告司法妨害名譽，只要你去警局提告，就被迫進入一貫的 SOP、做筆錄、上檢察庭。我很驚訝在這樣的案例裡，塑膠會不會「汙染環境」這件事竟然不重要，這份起訴書的重點是我們有沒有「妨害名譽」，儘管最後以不起訴為處分，但我們卻為此花了六個小時來回台南到警察局做筆錄一次，上檢察庭大約三次，一共 11 個月，勞民傷財。不過這個經驗也讓我學到，**如果發現某項產品不符合環保法規，除了適當的詢問之外，還可以採用直接檢舉的方式處理。**

在跑法院的這段期間，我得到許多朋友的幫忙。在收到法院傳票的第一時間，就接獲某個朋友的來訊：「今天我幫助你，是想表示對你講實話的支持。我陪你們一起去做筆錄。」另一個沒見過面的朋友還幫我寫狀子，大家都無私的幫助我。通常，遇到這樣的事情多數人會選擇跳開，看後勢發展，再選對自己有利的一邊發言，但是因環保、零廢棄而

結識的朋友都沒有在危難的時刻離棄，讓我真心覺得，能把
愛擴及大地萬物，**從己身做起日日減少垃圾的人，真的都是一
群善良熱心的好人**，是一輩子的好朋友。

Chapter 3

零廢棄讓我的人生更充實

> 我認為每個人都應該變得富有和出名，做他們夢想做的一切事情，
>
> 這樣他們才能看出那不是答案。」
>
> （I think everybody should get rich and famous and
>
> do everything they ever dreamed of so they can see that it's not the answer.）
>
> ——金凱瑞（Jim Carrey）

越深入環保，越是發現有很多東西要學

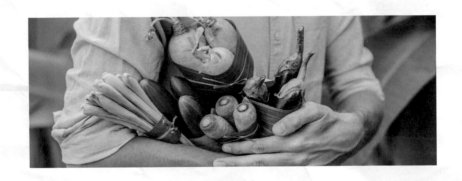

　　幾十年前生態學家就不斷呼籲環境迫害嚴重要及早改善，這幾年氣候劇變：極冷、極熱、霾害、懸浮微粒 PM2.5 超標……環境汙染嚴重危及人類健康，已經是切身的問題了。

　　環境汙染的範圍極廣，不只是塑膠，還包括空氣、水、土壤等，需要學習的東西真的很多，**越深入了解就會發現光是減少塑膠垃圾並不夠**，也開啟了我的向學之路。去參加澎

湖淨灘後，我去上了綠食教育課程，從肉、蛋、農作物來源，談到友善養殖、基改種子的秘密、牛奶的秘辛、食品添加物及糖的風險、認識農藥、農地用藥須知、雜糧與氣候變遷、減少碳排放，以及進階的課程：不浪費食物、支持在地農產縮短產地與餐桌距離和減少排碳等，還了解到塑膠不只為海洋生物帶來浩劫，也可能是人類疾病發展史的另一起源……以前的我完全沒想過吃進嘴裡的食物會經過這麼多的環節，而且一環扣一環，這個課程打開我的視野，讓我開始重視食物的來源，也愛屋及屋的注意起貓咪的飲食。

隔年我再去上了生態相關課程，開始認識土地，了解到不當開發及山坡地濫墾濫伐是土石流的元凶。當時還走了一趟萬大水庫，看到上游因觀光過度開發造成山坡地土壤流失，讓萬大水庫的淤砂越積越多。另外還有不當用藥及化學肥料使土壤生病長不出原生植物，危及植物和野生動物的生存。人類頻繁的經濟活動已經改變了山林的樣貌，甚至造成物種滅絕，**我們所做的每一件事，都牽動著這片土地或整個地球的生態。**

在這之後我終於有了機會去上樸門生活永續設計課程（Permacultures Design Course），Permacultures 就是生態永

續的意思，起源於澳洲。樸門企圖傳達的訊息，是盡可能以不破壞環境的方法與土地共存，是一個順應大自然與自然共處而進行的生活設計課程，理念在於照顧地球、照顧人及分享多餘，可以運用在農業、生活，甚至是都市環境的一門生活學問。透過這個學習，**也讓我的零廢棄生活更不費力且成效更好**。我把上課所學都運用在生活上，計算一家人洗滌的水、洗澡水、沖馬桶的水、查詢雨量等，這才了解原來我們浪費了這麼多的水。

　　這三年來，隨著每一階段的課程結束，我都更進步一些。我們疏於關心環境，最後自然換來大自然的反撲，現在的我體認到一件事，有意識的減少消耗要比努力賺大錢來付浪費結下的大筆帳單有意義多了。我可以很驕傲地說，我更懂得生活了。

改變心態，
溫馨的小屋就是幸福豪宅

　　零廢棄生活的第二年，有個朋友說，他有棟閒置的房子可以借給我，只需要負擔管理費。以我的財力來說，那根本就是「豪宅」：不含地下室一共五層樓，人車分道的地下停車位可停兩輛車，一樓是客廳及廚房，還有個小花園，且離上班（原住所）的地點大約只要 15 分鐘路程。

　　聽到的當下我開心得不得了，覺得是天上掉下來的禮物。住大房子一直是我的夢想，而且那時候我常因工作和生活不分而有些喘不過氣，一想到終於不用住在店裡，就急著搬離。我們添購了必要的家具後，立刻就搬進去住了。貓咪的活動空間更大、頂樓可以種菜，還能降低室內溫度和堆肥，一切都非常美好。但是，漸漸地我開始感覺空虛，住了一年就搬回原本我不喜歡的店裡。搬回家的第一天晚上，才覺得還是

自己的地方好，貓咪也沒有適應問題，當晚一家人都幸福的睡了好覺，這大概就是「回家」的感覺吧。

　　搬回住所後，我檢討自己搬離店住的缺點：搬家時我計畫不夠周詳，太過衝動，而且又陷入消費惡習，不只添購新家具、電器，還買了新家所需的生活用品。明明是我夢想中的大房子，卻又抱怨起房子太大，花太多時間通勤，買東西不方便，懷念起小房子的溫馨美好。這兩次搬家讓我體會到，**與其換個場域生活，不如改變心態**。在熟悉的小空間裡，隨手就可以取得我要的物品，也不用擔心貓咪躲到什麼地方找不到，走路就可以買到我要的，也不用花時間通勤，甚至採買的地點都在步行可到的範圍……這才是我所追求的簡單生活啊。

紀錄片的啟示：
簡單生活不能流於口號

　　簡單生活聽起來簡單，做起來全然不是那麼一回事。要從滿滿物質欲望的生活脫離，在完全沒有概念下是很難執行的，藉此機會推薦大家看一部我最喜歡的紀錄片——《極簡主義》。這部紀錄片對我的影響很大，片中每位受訪者以自己的方法來簡單生活，給了我許多正向的啟示，讓我更加確信要用更簡單的方式去衡量金錢。

　　從小到大，我們被教育要當個「有出息」的人，「有出息」就是要有錢、有成就和高學歷，但是沒有人教我們要愛土地，也沒有教我們就算沒錢也有方法可以解決生活問題。我人生的上半場周而復始的過著月初繳房租、月底繳帳單的生活，永遠不滿足，受追求潮流的社會風氣和在意別人眼光的影響，不斷的追逐物質生活。好，還想要再更好，卻無暇思考「好」

的定義是什麼？標準又在哪裡？

　　生活中四面八方都有個聲音在催眠你，你需要最新的東西，每個月只要繳少少的錢就負擔得起，然後塑膠貨幣的迷障讓你以為你真的有這麼多錢，「想買就買吧」「很想要，買不起，就分期吧」「零利率耶，我可以負擔！」花錢沒節制，於是信用卡帳單裡就多了好幾筆分期付（負）款，再加上循環利息，就是買了無比貴的商品還不自知。

　　這部紀錄片讓我醒悟到，我一直沒懂的道理，**簡單生活不是口號，也不是勉強自己節省，而是要打從心底感到知足而主動的減少消費。**片中提到金凱瑞的名言，完全打中我的心，他說：「我認為每個人都應該變得富有和出名，做他們夢想做的一切事情，這樣他們才能看出那不是答案。」（I think everybody should get rich and famous and do everything they ever dreamed of so they can see that it's not the answer.）雖然我不富有，也不有名，但是欲望太深，得到了想要的一切，心裡卻空虛不已，這種感受我嚐過無數次。

　　我雖然沒有那麼愛看書，但是我真的很喜歡看紀錄片，很多的知識都是透過紀錄片獲得。或許看過《極簡主義》的人不多，但我猜大家應該都看過這部，一樣深刻影響我的紀

錄片，就是獻身大自然的已故導演齊柏林的作品——《看見台灣》。想必看過的人都會為傷痕累累的山、川、國土痛心不已、憤恨大企業罔顧生態的違法排放廢水，以及為養殖業者大量抽吸海水造成土地下陷和海岸流失而憂心忡忡。我也一樣，從高空俯瞰我們生活的大地，因為美麗的山河而心動，因為土地受傷而難過，隨著影片放送，心情一喜一憂起伏不定，心裡思考著這一切的破壞都是起因於物質欲望，商人想要賺更多的錢，就要耗損更多的資源，可以說**這是眾力破壞的結果，只要集合眾人之力會有改善的一天**。很悲催的影片，但也給了我很大的力量，讓我更堅定從自身小小的力量做起，希望有朝一日能匯集成大大的力量。

做個有意識消費的消費者

「每一次你花的錢，都是在為你想要的世界投票。」
（Every time you spend money, you're casting a vote for the kind
of world you want.）──安娜・拉佩（Anna Lappe）

消費是間接汙染土地的元凶，有意識的消費，**買你需要
的，而不是買你想要的**，認識所買東西的產地、生產方式、
原料、化學成分和運送距離，是所有人都應該做的事。那麼，
什麼才叫有意識的消費呢？下面就舉幾個例子：

＊ 買品質好的，一雙就夠

以前的我，只要看到特價或折扣，很容易就會買了一些
不需要的，例如看到一雙喜歡的鞋，兩雙打五折，就多買了
我沒有那麼喜歡，最後只穿個幾次的第二雙鞋，只因為便宜
感覺賺到了。最後，在淘汰穿舊的第一雙鞋時，還算新的第

二雙也跟著一起被丟入垃圾桶。

✱ 注意食物產地和履歷

　　土壤健康，作物才會健康，人吃了才能獲得需要的營養。
我去上了土地相關的課程，在了解化學肥料及農藥議題後，
對於採買蔬果就更加謹慎了。我會特別注意產地和食物履歷，
透過履歷標示就能搜尋到農家，以及農藥和施肥的資訊。另
外，也會觀看蔬果外觀，太漂亮的反而讓我憂心，是否過度
噴灑農藥。注意**選擇友善環境的蔬菜和水果，支持農民永續土
地的用心，形成一個良善的循環**，土地健康，我們也吃得安
心。

上網找找，你吃的農產品來自何處？

由於食安問題層出不窮，在政府主導下，越加落實安全食品認證和產地履歷的建構，透過網路很方便就可以查到你買的農產和食品是否安全。特別是有良好農業規範（Good Agriculture Practice，簡稱 GAP）認證，和建立履歷追溯體系（Traceability，食品產銷所有流程可追溯、追蹤制度）的農產品。下面列舉幾個方便大家利用。

・行政院農委會農糧署「台灣農產品生產追溯系統」：
https://qrc.afa.gov.tw/

・產銷履歷農產品資訊網：https://taft.coa.gov.tw

・有機農作產銷履歷查詢：https://info.organic.org.tw/find/

・食品藥物業者登錄平台：https://fadenbook.fda.gov.tw/

＊ 選擇優良的肉蛋來源，也為自己的健康負責

現今罹患過敏的人不少，被檢討的眾多過敏原中，蛋白質是其一，而且大家最常吃的蛋白質就是蛋了。台灣的養雞戶一天平均生產二千萬顆蛋，這些蛋又分成三種來源：籠養、平飼、放養。籠養雞被養在大概 A4 紙大小的籠子裡，雞舍環境差又不能自由活動，而且擔心集體罹病會施用藥物，牠們的一生只能不斷的下蛋。平飼的雞則生長在適當且舒服的環境，並且餵養了好的飼料。放養或圈養的雞，則是在自然環境下，吃著健康的食物或雜草生長，這三種雞所生的蛋，你會買哪一種？我都買一顆 15 元的吃有機飼料的放養雞蛋。

有意識的消費行為，對環境很有幫助。有人問我，這樣的消費行為是否影響了整體經濟？不消費，經濟發展是不是就因此崩解了？事實上，**有意識的消費是要大家不做無謂的浪費**。永續和合理的分配都是經濟發展的指標因素，我們在消費時完全不考慮土地的永續和健康，只是不斷的掠奪，當一切都消耗殆盡時，受害的仍然是我們人類自己。

零廢棄生活所遇到的難題

　　要改變習慣真的不容易。要顛覆常識，捨棄方便性，難免要被側目，甚至被取笑，更可能被家人唸說你傻了、你瘋了。突然啟動零廢棄的環保生活，我就是從一個瘋子，慢慢影響家人和朋友，讓他們也跟我一起驗證「傻人有傻福」。

 ## 不認同的家人，開始一起做

　　我以前真的很懶，必須外食外帶都是我先生去採買，開始零廢棄之後，要我先生自備容器簡直是要他的命，男人很看重面子，就怕人家給他異樣的眼光，根本拒絕不了店家給的一次性餐具，他總是默默收下，然後辯解：「人家就給了，你能拒絕嗎？」

　　我的個性很急，等不了先生改變，所以我先改變自己，

自願去採買外食。我並不強迫他改變，而是從自身做起，讓他感受到我的決心，再和他一起去採買。過程中難免會碰到讓先生不悅的時候，但也有獲得鼓勵的時候，**慢慢的他也感受到店家正面的讚許而更願意執行。**

老公一直說他沒有什麼物欲，但男人的物欲和女人的完全不同，像男人就是想買車買錶，盡是一些動不動就要數十萬元的東西。不過老實說，比起我以前的消費模式還是環保一些。他比較不喜歡消費不需要的物品，但是有需要的還是會不小心買了太多，比如衣服和鞋子。說來我也是兇手，過去我真的幫他買了不少！

現在他也會自備容器去買吃的，但因為太熟悉自備容器的採購和蒸熱食物模式，最喜歡直接拿大同電鍋的內鍋去買。而且他比較不注重健康，所以常吃鹹酥雞、燒烤一類，一開始覺得拿大鍋子去買吃的很好玩，現在漸漸感覺好像有點怪怪的；有一陣子他很愛吃鹹酥雞，拿大鍋子去買還多了一種成就感，因為老闆會多送他兩樣菜色，讓他對於**做環保可以討到一些甜頭**而樂此不疲。

我先生有一陣子買東西都忘記用發票載具；由於發票用的感應紙不能回收，所以我都交待他一定要使用載具，他大

概長達半年的時間都沒用載具，累積了越來越多的發票，有一次我在整理發票時，看了一下發票明細，看他到底都買了什麼東西，結果居然是飲料和保健食品，當下我好錯愕。

　　各位是不是覺得我很可怕，簡直是惡妻，還查帳？我心裡明白，他是因為怕我生氣，所以都在便利商店外把飲料及保健食品喝完吃完，垃圾丟到便利商店的回收桶後才敢回家。這讓我反省了一下，我是不是讓他覺得害怕？別人的妻子看發票是抓偷情證據，我居然是抓他偷偷製造垃圾。就算我平心靜氣地問他，他也像是被抓姦一樣滿身大汗的不知如何回答。不過那次講開之後，他也確實改變了，不再留下更多發票證據了，想來也真是有趣。

 ## 搶買環保商品，這不叫環保

　　從「消費」開始的零廢棄生活，其實是一個不好的經驗。開始下定決心的第一天，除了自備容器去買早餐之外，我還很開心的去買了一個環保杯，如火如荼地展開環保生活。一向熱情的我更是揪團買了環保杯和吸管，一段時間後發現一起買環保杯的朋友，有的人打破了就沒再用其他環保杯，還

有的是把杯子供在櫥櫃裡，為此我深深懺悔，真不該約大家一起亂買。**當一個物品沒好好的使用，就算是環保商品，也是個閒置的垃圾，這樣就不算環保了。**

　　環保就是重複使用（Reuse），了解自己需要的是什麼，而不是看別人有什麼，也想要一個來做環保。真正的環保是惜物愛物，現在就把家裡從來沒用過的那些物品都找出來吧！

使用時間長，對環境越友善，這才是環保

真正的環保，是使用、再使用已經消費的物品。在看到讓你心動的環保商品時，請先檢視：你真的需要嗎？那是不是一件會讓你長時間使用的東西？使用的時間越長，對環境越友善，才算得上是環保。為用而買是「需要」，為想買而買是「想要」，需要才是長久環保之計。

　　在我著迷「環保」的歷程中，我研究了各種環保商品的成分，了解「分解」和「裂解」的差別，許多標示可生物分解的垃圾袋，事實上是裂解成分。由於政府並沒有管控環保商品的廣告，必須由我們消費者自己分辨真偽，但這其實不容易，沒有人教我們如何分辨眾多綠色商品中，哪些才是真正環保的。三年來累積的環保經驗，我可以負責任地說，這些新穎的環保商品，幾乎都抵不過我先生小時候使用的不鏽鋼便當盒，或是在換物社團、二手市集挖寶到手的不鏽鋼雙層防燙便當盒，以及朋友不用給我，伴我度過在咖啡店寫作時光的燜燒杯。

　　現在我包包裡的所有餐具，包括袋子都不是花錢買的，袋子是有一次和先生騎機車經過，看到它躺在地上任人踐踏，我於是把它撿回家繼續用，便當盒是娘家找到放置很久沒人使用的，杯子也是朋友買太多用不到給的。我並不是要表達自己省了多少錢，或是叫大家不要花錢買。我想說的是，過度消費曾經讓我有一種優越感，環保生活之後卻讓我開始檢視自己，買東西之前多思考：**我們真的「需要」這麼多東西嗎？還是我們只是「想要」很多東西？**

自備容器買外食，注意停看聽

　　特地花錢買環保杯，讓我零廢棄的第一天就大受打擊。我準備了一個 700CC 且有刻度的玻璃杯，很開心的告訴店員說：「請幫忙裝在我準備的杯子裡，謝謝你！」儘管已自備容器，但還是要小心會製造出一次性的垃圾。現在很多連鎖商店都推出鼓勵自備環保杯折扣的活動，但是他們在幫你裝入杯子時，若你沒注意，很可能就會發生因為你的消費而有新的垃圾產生。聽得你一頭霧水是吧 ?! 這是在說，店員先用了紙杯盛裝，再倒進你的環保杯裡，然後把那個紙杯丟‧在‧垃‧圾‧桶 !!

　　我第一次興高采烈的拿著自備的杯子去買飲料，就發生了這個慘劇，讓我小小的心靈產生了相當大的陰影！不是叫我們自備環保杯嗎？怎麼會是這樣本末倒置呢？所以，**第一次帶著你的自備容器買冷熱飲時要先停看聽**，首先停在櫃台前掃瞄或詢問內用是用什麼杯子裝，接著看看其他內用客人使用什麼杯子，最後問服務人員是否使用一次性的杯子，以免像我一樣留下不美好的環保杯初體驗。

內用也會產生垃圾

有回過了吃飯時間，太晚了無法再回家自備餐具，想說那就改內用吧，沒想到坐滿客人的餐廳也都使用免洗餐具。因為時間晚了，再不吃飯就會胃痛，於是就乾脆和先生兩人輪流用一雙衛生筷把晚餐吃完，至少減少了一雙筷子垃圾。

 鍛鍊被討厭的勇氣

有人問我：「你這樣的生活方式會不會很麻煩？」

我：「並不會，我覺得最麻煩的是，別人覺得我這樣很麻煩。」

零廢棄之後，我因為學習也開始了團體生活，在團體活動中我都會自願幫大家準備及詢問一些可以辦活動的零廢棄方法，就像引導我先生過環保生活一樣，先改變自己，以身

作則。但因為我這樣的「雞婆」行為，很自然的變成團體的焦點，甚至有些人會覺得我給大家帶來困擾了，常有人問我：「你是不是對塑膠有仇？」

　　我：「不會啊，為什麼你會這樣認為？」

　　友：「因為你倡導減塑和不塑啊！」

　　我：「你看看你手上和我手上都拿著手機，我們穿的衣服、坐的車子，甚至現在坐的小板凳……都有塑膠，或許我們都『需要塑膠』，但不是『濫用塑膠』啊。」

　　我還常聽見別人介紹我：「她是環保魔人喔！」或是：「她是環保激進分子！」

　　像這樣被貼滿標籤，老實說，我感覺不舒服。在團體活動中，因為我和別人的不一樣，我知道大家沒有更環保的作法，所以都自願幫大家拿鍋子去買東西，拿茶桶準備茶水，但是這麼做並沒有獲得掌聲。

　　有時還會莫名奇妙聽到：「小心！用塑膠袋不要被加零看到喔！她會生氣。」但我生氣的不是大家使用那些東西，而是聽到這種令我洩氣的話。仔細想想，我從沒說過塑膠不好，我是不是哪裡被誤會了？**到底要用什麼方法才能讓大家知道，我們濫用塑膠的後果真的很不好？**

生活周遭一直有這種負面的聲音，天天都得費盡唇舌解釋，真的好累啊！

家人也難以接受我的轉變，畢竟我以前是個奢侈又浪費的人。有一天回阿嬤家，親戚從隔壁大約五棟房子的距離，買了小吃到阿嬤家，提著兩個塑膠袋，裡面又有數個塑膠袋裝著熱食（先不管塑化劑這件事）。然後他們再從廚房裡拿碗出來客廳，把食物倒到碗裡，大家就開始吃了起來，再順手把外帶的乾淨塑膠袋丟進垃圾桶。我看到垃圾桶裡有乾淨的塑膠袋，就把塑膠袋撿了起來說：「這很乾淨還可以用，不要丟掉。」

當我從垃圾桶撿起那個乾淨的塑膠袋時，簡直把大家嚇壞了，當下照顧阿嬤的外傭一副「這個雇主沒救了」的樣子，我邊撿他邊用眼睛斜睨我。一屋子的人瞠目結舌的看著我，都覺得我瘋了，嘴巴微開、停頓二秒後，開始勸阻我不要把塑膠袋撿起來用。他們完全無法接受，那個很浪費的我居然變了，還開玩笑的說：「你最愛塑膠袋，這個給你。」「那很髒丟掉啦！」（其實根本不髒）

零廢棄基本配備

　　在都市裡要循著自然模式生活，得先從自備容器開始。自備容器是基本功，像我們家會有兩個收納箱，一個是放大大小小的購物袋及便當袋，一個是放各式大大小小的不鏽鋼便當盒、玻璃保鮮盒、不鏽鋼提鍋及各式杯子，每次出門前，會先拿一個袋子裝好再出門。

　　手帕、便當盒、筷子、湯匙、杯子，**自備容器在外購買的原則是「停、看、聽」**，先不要急著點餐，停一下，看看有什麼餐點適合裝在你的容器並且是你想吃的，與店家溝通是否可以裝在你的容器，找出一個方便店家可以把食物裝進自備容器的方式，以互相便利為主的方法進行購買。

　　關於吃：常常遇到前輩都叫我們不要常外食，因為外食族是食安風暴的最大受害者，但偶爾還是會有需要外食或外帶的時候，考慮到不想產生垃圾的作法，一定就會想到內用，

但內用就一定不會產生垃圾嗎？其實，外食幾乎逃不過一次性塑膠的糾纏，**垃圾就像背後靈，很快的會在你沒注意時出現，要隨時提高警覺。**除了要先觀察店內是否使用一次性餐具，美耐皿餐具也是必須注意的，會影響身體健康。

可以先詢問或觀察店主，看看他們是用什麼容器裝你點的食物，如果是用美耐皿，為了不得罪老闆，請容我對店員說個善意的謊言：「因為我有過敏，醫生說我不能使用這樣的餐具，請幫我用瓷盤裝。」如果店內真的沒有可以代替的，我會換下一家吃，但偶爾會看狀況，不過度勉強。

比塑膠耐熱的美耐皿一樣不利健康

廉價的美耐皿餐具在 30℃度左右，會釋出三聚氰胺，長期累積下來恐有傷腎疑慮。曾經有個以 80 多位大學生為實驗對象的研究，發現連續吃用美耐皿餐具盛裝外食，三日後，尿液中檢測出三聚氰胺的濃度，比未用者高出四倍。若是裝盛超過 40℃以上高溫的熱湯，就會釋出微量的三聚氰胺，溫度越高，釋出量越多。人體雖可代謝掉「三聚氰酸」（氰尿酸），長期暴露下，會降低腎臟功能，提高罹患腎臟結石、輸尿管結石風險，有害人體的泌尿系統。

資料來源：https://zh.wikipedia.org/wiki/ 三聚氰胺 - 甲醛樹脂

怎麼都是炸雞，我家老公就是愛啊！拿他沒辦法。

1. 我最推薦的環保容器是不鏽鋼便當盒和玻璃瓶。
2. 自備容器買炸雞、薯條、漢堡，年輕的店員都挺激賞的。
3. 我只敢拿大同電鍋的不鏽鋼內鍋去買包子和饅頭。

改變習慣只需要 14 天！

　　現在如果要我回到產生垃圾的消費模式，我反而會不習慣。根據經驗，我想告訴大家，養成習慣之前，要先訂好「計畫」，這點非常重要。假設今天必須外出上班，需要外食，從早餐開始到晚餐消夜，需要準備什麼樣的容器才不會產生垃圾？

　　例如：早餐一個漢堡，一杯咖啡；午餐一個便當；晚餐一碗麵，及一杯飲料。那就只需準備：一個袋子裝著，**布的食物袋或蜂蠟布**裝漢堡，一個**杯子**裝咖啡及飲料，一個**便當盒**裝午餐及晚餐。這樣一共只有三項用品，就可以完成你的零廢棄消費計畫，不但不會亂了陣腳，而且很簡單。

　　舉例來說，如果你要到黃昏市場採買未來三天的食材，肉品及熟食，可以先準備二到四個 PP 材質的保鮮盒裝肉品及熟食，一個大的購物袋拿來裝菜和幾個回收再使用的塑膠袋，

可分別再利用盛裝幾個食材,這樣就可以完成計畫性且零廢棄的消費。

　　計畫性消費可以讓你減少產生不必要的開銷,零廢棄生活之後,我的有意識消費真的讓我省下不少喔!

乾燥的食物用布巾或蜂蠟布裝盛,挺時尚的。

環保意識已經融入我們的生活裡,許多店家都很樂意配合。

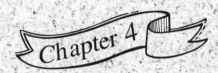

Chapter 4

零廢棄的生活態度

「每一次你花的錢，

都是在為你想要的世界投票。」

（Every time you spend money,

you're casting a vote for the kind of world you want.）

── 安娜・拉佩（Anna Lappe）

個人清潔衛生零廢棄

　　持家的主婦都知道，家裡最容易製造垃圾的場所，第一是廚房，再來就是浴廁。根據行政院主計處 2018 年的統計資料，**我們每人每天製造的平均垃圾量高達 1.1 公斤**，想想這是多麼可怕的事情。話說，若是跟減肥相比，減掉自己所產生的垃圾，的確要比減掉身上的脂肪容易多了。所以，現在就從每個人最私密的垃圾談起吧！首先，分享我們夫妻的經驗。我家的廁所擺設很簡單，不放垃圾桶、不用化學清潔劑，馬桶旁邊掛著兩條上廁用的小方巾，就這樣看不到多餘的東西。

實踐零廢棄的浴室光視覺就覺得清新。

我除了不喜歡追垃圾車之外，也討厭打掃廁所，經常要為發霉、水垢、悶臭的垃圾桶傷腦筋，但是現在都隨著沒產生垃圾而迎刃而解。

妙用小蘇打粉和檸檬酸清除尿垢

廁所的清潔只需兩種東西就可解決，就是小蘇打粉和檸檬酸。在學習零廢棄之前，我根本就沒把這兩樣東西用對過，不清楚他們的妙用，才多花了冤枉錢買傷身的清潔劑，例如買了高濃度的化學香精洗廁劑，沒把尿垢除掉，反而起化學作用泛出令人噁心的廉價香味。

我都是利用洗澡時清洗馬桶，**先用熱水稍微沖一下馬桶，趁著熱度撒上小蘇打粉及檸檬酸**，然後暫時放著不管，等淋浴完之後再簡單刷洗一下，馬桶的尿垢就會完全溶解。浴室的地板和壁磚也用同樣的方式清洗，可預防發霉。清洗洗手台或鏡子上的水垢也差不多，先用溫熱水淋過後，再濕敷檸檬酸靜置一段時間，就可以輕鬆除掉那些惱人的水垢了。

使用電動牙刷和小蘇打粉刷牙

　　一天的開始和結束都是從刷牙、洗臉開始的，男生還多了個刮鬍子。不少環保人士都會改用竹牙刷，但我和先生則是使用電動牙刷，而先生也依然利用充電式電動刮鬍刀整理門面。使用電動牙刷大概兩年更換一次刷頭（牙醫建議每三個月要換一次牙刷或刷頭）即可，比一般塑膠牙刷更環保。順帶一提，我參加淨灘時，撿到塑膠牙刷的機率很高，可見這也是被過度濫用的日用品。

　　我的電動牙刷已使用兩年了，因為我很好的使用著，所以還不到需要換刷頭的地步，而且自從知道牙刷得乾不乾淨跟是不是夠認真刷牙有關，而不是牙膏成分之後，我們就改**用食用小蘇打來刷牙**了。改變刷牙方法半年後，遇到例行的洗牙時間，我很忐忑地去了診所，害怕醫生說我沒刷乾淨，沒想到反而是我歷來最沒有問題、最健康的一次。事實證明，**根本不用買牙膏，用清水、小蘇打也無妨**，認真刷牙才是維護牙齒健康的關鍵。

各種環保洗潔液體驗

　　零廢棄的洗髮方式非常多，但要找到適合自己的還真是不容易，我個人感覺比不使用衛生紙還要難。我自己是先從清庫存做起，找個空瓶子，最好是慕斯瓶，然後倒入適量洗髮精再用清水稀釋，之後每隔一天使用這瓶稀釋洗髮精，**慢慢戒斷對洗髮精的依賴**。不過每個人的體質、髮質和適應度不同，需要個別調整。

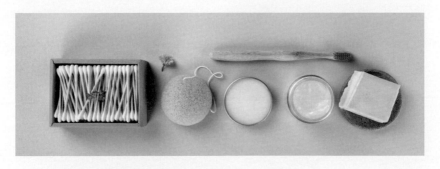

＊ 天然的檸檬、柚子清潔液

　　我的頭髮既多又厚實，而且容易流汗，常常都覺得戴著一頂安全帽，又熱又悶。為了不用洗髮精，我挑戰過多種零廢棄的洗髮方式，一開始嘗試自製檸檬或柚子清潔液洗髮，但這兩種不易保存必須冰在冰箱裡，我每次到了浴室才想起忘了拿，漸漸地就放棄這個選項。

不管是肥皂或小蘇打粉洗頭，的確能去除惱人的油脂，但是缺點就是乾澀，所以我也搜尋了一些潤絲的做法。檸檬酸屬弱酸性，或許可用來平衡鹼性吧！我在水瓢裡裝了一些溫水，然後倒入一匙檸檬酸使其溶化，接著把頭髮浸在水瓢中，再用清水沖洗過，結果頭髮超級滑順，真的太讓我意外了。

✱ 用醋酸橘皮酵素潤絲一樣滑順

我還自製了橘皮酵素，因為會用到弱酸性的醋，所以潤絲效果也一樣滑順，不過，因為會有一個醋味，讓我在使用橘皮酵素時，多了點心理障礙。比較起來我還是喜歡用檸檬酸潤髮。

零廢棄生活不可少的就是實驗精神，光是為了找到適合自己的洗髮方式，就讓我一試再試，甚至還想過把頭髮全剃掉。最後，終於得到答案，最適合我們的是最初嘗試的自製檸檬洗髮乳。之前因為需存放冰箱，而且裝得太大罐，所以才讓我發懶忘記零廢棄的簡單原則，現在我會分裝到小玻璃瓶了，每天洗澡洗頭剛好用完一瓶。我先生也非常喜歡這種檸檬香味，不但頭髮滑順，全身都清新舒暢。

自製檸檬洗液

網路上或是環保社團粉專都找得到檸檬洗液的作法,沒時間自己動手做的人,也可以透過網路找到天然零廢棄的洗髮商品,並且自備罐子買到洗髮精。下面幫大家整理了簡單作法,也可參考教學影片 http://youtu.be/sXCEwzjhfRs。

【材料】

檸檬　數顆

清水　檸檬的 2~4 倍(依個人的適應度調整)

【作法】

檸檬榨汁後,保留檸檬皮

檸檬皮切成小塊，加水煮沸

放涼後打成泥

濾掉渣倒入玻璃瓶放入冰箱冷藏

濾掉的渣渣可以拿來當除臭劑或是包進布袋裡洗碗盤

一瓶剛好是一天的分量

不用衛生紙並沒有比較浪費水

　　國人一天要用掉 340 公噸的衛生紙！衛生紙也是廢棄垃圾大宗，減少衛生紙的使用，就可以少製造垃圾。但少用衛生紙，不就要消耗更多水資源嗎？大家可能沒想過，**光是製造衛生紙就需要用到水了**。以再生紙來說，再生紙漿在分離雜質前就必須用到大量的水和能源消耗，所以事實上使用衛生紙其實更浪費水，更別說被過度使用的包裝塑膠了。

★ 洗屁屁，再用布擦乾

　　每次說到我們不用衛生紙，聽到的人都會露出黑人問號，紛紛皺起眉頭，臉上明擺著：「怎麼可能？少騙人了。」或是：「會不會太噁心了，居然不使用衛生紙，也太髒了吧！」之類的反應。

　　我們家如廁衛生採用兩種方式：一種是裝沖水器，不需要花大錢自己動手 DIY 即可安裝完成；另一種是使用免治馬桶。當過母親的人應該都很習慣動手處理寶寶的排泄物，或是用水幫寶寶洗屁屁。就跟這個作法一樣，**在上完廁所後，先用水沖過，再用布擦乾**。我們會在廁所準備一些易乾的手

巾，例如嬰兒用的紗布巾，或是用舊衣裁成擦手巾，髒了就洗一洗曬乾重複利用。很多人擔心這樣不衛生？試問，我們洗澡後，會用衛生紙擦乾身體嗎？不會的話，為什麼如廁後，要用衛生紙擦拭呢？其實**會覺得髒、不衛生、不乾淨，都只是心理過不去**，事實上，這事再正常不過了。

我老公也認為不用衛生紙是他最大的零廢障礙，我有時候都不禁懷疑，他洗澡是不是都會跳過洗小菊花。我問他：「不用衛生紙洗不乾淨？那你到底是怎麼洗澡的？」再好聲勸說：「用洗的真的很乾淨喔，你試試看嘛。」當然，在我三天兩頭不放棄的遊說下，他嘗試了，並且成功戒斷衛生紙，整個環保生活大晉級！

★ 感冒或過敏流鼻涕怎麼辦？

我有次重感冒長達一個月，各種症狀都有：打噴嚏、流鼻水、咳嗽，分分秒秒被鼻涕糾纏，超難過的，這種情形不用衛生紙要怎麼辦？相信有同樣經驗的人都知道，長期感冒頻繁使用衛生紙的話，鼻子一定會紅腫、受傷，嚴重時還得塗藥才能緩解。所以，我都是跑到衛生間用水洗，盡可能地把鼻涕蟲弄乾淨後，再用手帕擦乾。

不使用衛生紙對很多人來說都是一件大事！如果你真的無法改掉習慣，建議選購捲筒式減少分裝塑膠袋，或是購買有森林永續認證或再生的衛生紙。

 ## 回歸古時候的生理期照護法

生理期怎麼可能不製造垃圾？對大家來說，生理用品必不可少，是不能改變且容易被質疑的。很多時候，我們想要不汙染環境，就得把阿嬤年代的那一套搬出來用，現在垃圾多到處理不了，就是因為追求方便，而這個結果正影響我們的環境與健康。

以健康為出發點，是改變的一大動力，減少處理垃圾的時

間是附帶的好處。女生每次生理期大約會產生 500 公克的生理垃圾，包括衛生紙、衛生棉、衛生棉條等，以我為例，從初經到現在，算一算我大概使用了至少一萬片衛生棉。當我知道生理產品可能影響健康時，連衛生棉的成分都加以研究了；純白的拋棄式衛生棉（條），是用了化學藥劑漂白，漂白的過程會產生戴奧辛，長期接觸恐有婦女病和致癌疑慮。戴奧辛這種環境荷爾蒙會干擾我們的內分泌系統，甚至影響生殖能力。

　　此外，拋棄式衛生棉（條）在使用的過程中，因為悶熱，會大大提高陰道感染的風險，若是遭到感染就會產生異味，而正常的經血是完全無味的，這也是我使用過零廢棄方法後

的最大體會，感染次數幾乎零。衛生棉的主成分是內層的高吸收力分子，可以吸收大量經血，如果使用時間太長，陰道及皮膚接觸細菌的時間就會增加，感染風險也隨之升高，有些皮膚較敏感的人，還會有過敏及濕疹問題。

　　生理期的零廢棄選擇有幾個：第一是月亮杯。習慣用衛生棉條的人，轉換成月亮杯很好上手，月亮杯在國外很盛行，台灣現在也已合法化，在網路上就能買到；**第二個選擇是布衛生棉**，產品外觀和使用觸感都讓人非常舒服喔。

✲ 月亮杯

　　月亮杯是矽膠材質，形狀就像一個小杯子，可以和身體緊密結合接住經血，讓使用者不感覺到大姨媽來訪，乾爽潔淨。我第一次使用時，感覺肚子脹脹的，一開始沒塞好會有異物感，但使用過兩、三次之後，就越來越適應了。

建議量大的期間可配合布護墊一起使用。

月亮杯的使用方式

✦ 基本用法

先左右對折，深呼吸後塞入陰道，放開後，它會自然的以抽真空的狀態住在你的陰道裡。量大期間，大概只需倒二次經血。外出時，務必帶一瓶水，以便倒經血時可洗手。真的不難，外出也很方便，請放心使用。

✦ 清洗及消毒

大家一定會擔心衛生的問題，關於這一點：首先，購買時可向店家買消毒錠，或是使用前先用熱水燙個三分鐘；再來，在經期中間倒杯時，務必使用煮沸過的水清洗後再塞回陰道，以避免感染。一般來説，使用方式正確的話，是絕對不會有問題的。

✦ 避免經血外溢

跟使用衛生棉一樣,如果不注意清理經血,量過多時也是會外漏的,我自己就因為太舒適而忘記它的存在,發生經血外漏。我幾乎不會經痛,有次爬山超過三小時,才下山就感覺到好像滿杯了,幸好搭配使用布衛生棉,才不至於出糗。不過,第二次就沒這麼幸運了,那一次是參加農田觀察活動,當天穿了淺色褲子,早上爬樹兩趟還沒感覺,下午兩點去廁所倒杯時,才發現悲劇,起因就是因為我沒搭配布衛生棉一起用。現在想起來還是覺得超窘的,臉頰都熱起來了。

建議大家除了搭配布衛生棉使用外,睡前一定要倒杯,這樣就可以避免外漏了。

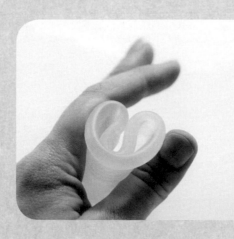

　　有一次我妹妹在生理期來台中拜訪我，我要求她不能把衛生棉丟在我家，剛好我有多的月亮杯，就簡單跟她說明使用方式和注意事項，再請她去廁所試試，沒想到她十分鐘就上手了。我真的太驚訝了！難道是因為她是我妹妹，所以比較有零廢棄的天分嗎？這次之後，妹妹也體會到使用月亮杯的清爽無感，從此不買衛生棉也省下一些錢，還大力推薦身邊朋友也一起來用月亮杯。

　　很多人對於使用月亮杯有疑慮，除了擔心它是侵入式之外，也因為對自己的身體構造不了解。我很常被問：「怎麼尿尿？這個這麼大，怎麼塞得進去？」各位真的不用擔心，女生的身體構造，尿道、陰道及肛門都是分開的，真的不會出現你所擔心的問題。

＊ 布衛生棉

　　布衛生棉的使用方式和拋棄式衛生棉一樣，只是差在需要清洗。根據每個人的狀況不同，平均一天大概要換六片。因為有太多人問到怎麼清洗？我特別請教一位成立布衛生棉製作工作室的朋友「糖，來了」，她教我一個懶人清洗法：

在家裡的廁所內準備一個小水盆，每次換衛生棉時，就先把
布棉泡在水裡，大約換個幾次水，在最後一次清洗時添加氧
系漂白粉（過碳酸鈉）就可以清洗乾淨了。一天洗一次就好，
一整天泡在水裡，就算氣溫高也不會有異味，但是可別太懶
放到隔天才洗啊！

外出時，如何保存換下來的經血布棉？

準備一個專用的透氣袋收納換下來的經血布棉即可。正常來
說，經血是沒有味道的，而且只要
定時更換，不用擔心布棉吸了太多
經血，不便收納。一整天在外工
作，帶個六片在身邊，回家後把用
過的布棉泡水清洗，真的一點都不
費事。

外出時，可把布衛生棉折成
豆干狀，放進收納袋裡。

出門時，把生理用品放進袋子裡，跟衛生棉一樣不費事

自製廢油皂

　　布衛生棉就像直接穿著內褲那樣舒服，像我是不會經痛的人，就很容易忘記正在生理期。不過，布衛生棉也跟拋棄式衛生棉一樣，沒有扣好也是會滑動的，不注意就要出糗了。我通常是量大的時候搭配月亮杯使用，只有量少時才單獨用布衛生棉。**女生每個月的經期是天經地義的事，我們應該以更輕鬆的態度面對自己的生理需要，而不是視其為穢物。**

　　生理期採取零廢棄，首要健康，減少垃圾，又不用清理混合各種氣味的垃圾是附帶的好處，這樣做不只心情輕鬆，還省下了一些錢，真的很推薦大家一起改變。

節約用水首重循環利用

　　印象中我國的水資源豐沛，萬萬沒想到竟然是世界排名第 18 位缺水的國家。跟歐美各國相較，我們負擔的水費真的便宜許多，而且山川河流多，過去幾乎很少缺水，也因此養成了不懂得珍惜水資源，導致許多不必要的浪費。

　　自從我開啟環保生活之後，變得用水量多了起來，因為用水太頻繁不禁讓我懷疑自己是不是太浪費水了。所以，很自然地也思考起省水方案，基本上就是重複使用，例如，**在水槽和廁所放一個臉盆或水桶，收集洗過東西的水，利用來沖馬桶或是澆花**。或者把洗碗機塞滿後，再一次清洗。同時，也減少洗衣服的次數，洗衣槽滿了才洗，而且只用小蘇打粉洗，洗程上不需要太多次，可以省下一些水。我們家大約一週洗一次衣服，因為工作形態的關係，流汗的機率少，衣服不太髒，就改變穿搭法多穿幾次才洗。另外，我們也在水龍頭裝了省水裝置，減少不必要的浪費。因為很注意循環利用，所以我家的水費帳單並沒有增加喔。

椰子油是極佳的天然保養品

我天生就是麻雀女孩，臉上有很多雀斑，國中時走在街上還被小販推銷：「你喝我們的龜苓膏，就可以淡化雀斑喔！」因為這樣我還挺在意去斑的，聽說哪個產品淡斑美白的效果好就想試試，然後順便買了一堆保養品，身體專用、臉部專用、頭髮專用、睫毛專用保養膏統統都買過。

現在的我，已經痛改前非，完全不想理會我那除不掉的雀斑，越來越不講究保養，每天從洗臉到洗澡都只用椰子油或橄欖油打底就搞定一切。但是剛開始使用椰子油時，我總覺得不妥，感覺全身都充滿了我喜歡吃的椰子口味的乖乖味道，使用一段時間發現它的妙用後，反而漸漸愛上塗抹椰子油的感覺，不僅好吸收又滋潤，尤其是冬天，少了油膩膩的感覺，而且很保濕。

椰子油除了滋潤皮膚外，也可以拿來卸妝、保養分叉的髮尾，頭髮若有些凌亂，還可以代替髮蠟造型。此外，椰子油也能拿來製作磨砂膏，椰子油加入紅糖當凝固劑，就可以簡單製作出用於臉部和身體的磨砂膏，使用時完全不刺激，既保濕又有去角質的功能。

沒有多餘的化學成分，天然保養品超棒的！

再繁瑣的柴米油鹽也要零廢棄

　　我們現在住的房子是租來的，一二樓作為營業店面，頂樓則當住家，所以並沒有一個完整的廚房，三餐都靠一台電磁爐、兩個鑄鐵鍋、一個壓力鍋，以及一個萬用大同電鍋。因為是只能放簡單器具的迷你廚房，所以在採買之前，我們都會計畫好要買什麼，**先列出清單，再準備一個大購物袋和數個塑膠 PP 盒及矽膠袋**，力求輕便，很輕鬆就做到零廢棄。

 ## 零廢棄烹調，減少「剩食」創造「盛食」

　　俗話說，開門七件事：柴米油鹽醬醋茶，說的是，一睡醒就要為三餐張羅奔波。持家的主婦最清楚了，一整天的時間幾乎都被綁在廚房，而且辛勞到最後往往是以收拾滿出來的垃圾做結束。也因為這樣才讓我有動力執行零廢棄生活，

我真的超級討厭倒垃圾。話說回來，已經習慣隨手製造垃圾，要突然減量，沒有個對策還真的不容易，在這裡幫大家整理出三個要訣。

★ 首要，計畫性消費

這是減少垃圾和殘食最有效率的方法。我們夫妻大都去傳統市場和黃昏市場採買，在這些地方可以進行裸裝購買，減少過多的塑膠包裝或橡皮筋。在採買之前先清點一下冰箱還剩哪些食材，列出未來幾天可能需要什麼樣的食材，然後自備容器出門採買，可省下不少時間。

根莖類最好能連皮一起吃。

在傳統市場裸裝購買，能贏來不少讚許呢。

傳統市場是滿溢人情味的 unpackaged

這幾年環保意識抬頭，國外流行的無包裝商店「unpackaged」
也開始出現街頭，拿著自備容器去買雜糧和食品的人也多了
起來。事實上，台灣本來就有不少無包裝商店，尤其鄉下更
常見，就是隱身在小巷內或傳統市場裡的雜貨店、雜糧行。
我最喜歡到傳統市集消費，到處充滿著人情味，而且非常容
易執行無包裝購買，舉凡各種豆類、麵粉、糖、鹽、米、蛋、
乾貨都可以買到，而且通常是在地的農產品，運輸距離短，
相對也減少了排碳量。只要用點心，就可以找到減少垃圾的
購買方式。

＊二要，使用透明的保存容器

我們放冰箱裡的保存容器都盡可能使用透明材質，這樣才能清楚看見所有的食材。採買回家之後，我們會**把所有的食材列出清單用白板筆寫在磁磚上，以便檢視食材，代替開關冰箱**，不僅省電也方便管理食材庫存。當然這和前面提的計畫性消費也有關聯，計畫性消費能減少剩菜，吃多少買多少，不因為特價便宜或買一送一就多買。買太多丟掉了既損失也浪費，還會造成環境汙染，得不償失。

用透明保存盒能清楚知道裝了什麼，有效管理　　把冰箱裡的食物清單列在磁磚上，減少開關冰
庫存。　　　　　　　　　　　　　　　　　　箱次數，也避免紙垃圾。

★ 三要，盡量保存食物的原形

準備食材時，最好能保存食物的原形，比如馬鈴薯等帶皮的根莖類，可以用鐵絲代替刨絲刀，直接在水裡刨皮，就不會有廚餘產生。若能連皮一起吃又更好了，是最能減少廢棄物的好方式。

政府前瞻計畫的綠能第一階段預算就編列了 80 億元，但是台灣一年浪費 275 萬公噸食物，光全台量販店和超市一年就丟掉近 40 億元的食物。因此，我十分堅持不浪費食物，**從計畫性消費到零廢棄烹調，力求減少「剩食」以創造「盛食」**。

自己烹煮三餐，節能又減廢

　　零廢棄烹調最關鍵的就是降低食物放到過期的機率，因此冰箱的收納就很重要了。除了消費要有計畫，減少浪費食物之外，也可以選擇壓力鍋或燜燒鍋等節能鍋具，縮短開火及用電的時間，夏天煮飯也不會滿屋子熱氣難耐。另外，家常料理難免需要煎炒，我們家都使用導熱快、受熱均勻的鐵炒鍋，沒有塗層也比較健康，還可以加快烹煮速度。

管理冰箱庫存，自己煮。
不浪費食材，也做到零廢棄。

鐵炒鍋導熱快、受熱均勻，可縮短烹煮時間。　壓力鍋和燜燒鍋相當好用，煮湯、滷肉一點都不費事又節能。

洗碗機省水、少汙染

> 洗碗機是我的必需品，因為餐具和貓咪使用的保鮮盒實在很
> 多，每天要清洗的東西真的很多。與其分好幾次洗洗刷刷，
> 浪費水資源，不如集中一次用洗碗機洗，洗碗機每洗一次會
> 使用 11 公升的水，相當省水，而且我購買洗碗機時附的洗碗
> 粉，大概可以用個好幾年沒問題。
> 如果你的碗碟沒有太多玻璃製品，只使用洗碗機原本的熱水
> 清洗功能，就可以洗得非常乾淨了。

★ 挑戰一個月不外食的零廢棄生活！

　　新年時期是我們貓旅館最忙的時候，甚至會忙到連外出
吃飯的時間都沒有，加上春節時店家多半休息，外食也不甚
方便，所以我們夫妻給自己制定了一個計畫，即使一天工作
十小時，也要撥出時間煮三餐，沒有想到真的從初一煮到初

五，達成沒有外食的目標。

　　這個小小的成功讓我們很滿意，於是就延長戰線，進階到「挑戰一個月不外食的零廢棄生活」，而且是由先生負責下廚，這也是他在零廢棄生活後第一次下廚。他對於這項挑戰興致勃勃，可以說是廚藝大爆發，沒有複雜的料理手法，而且餐餐都端出美味豐盛的菜和肉。

　　這個自己烹煮的挑戰計畫，讓先生**餐餐吃真食物，營養均衡，居然一個月內瘦了至少五公斤！**既環保又可減肥，真是兩全其美啊！這也讓我們深切體會到吃這件事真的對健康很重要。

　　開始過簡單生活，連飲食都變得自然簡單後，才發現食物真正的味道原來是這麼的美好。而且，從消費的食材到端上餐桌的過程，都可以完全掌控。很感謝自己去上了食農教育課，才知道吃「真食物」的重要性。吃真食物感受到身體變好了，很自然的我們自炊的機會就變多了，也戒除了積習已久的重口味。

　　當習慣真食物之後，再回去吃從前喜歡的那些小吃和餐廳時，發現味道都變得不一樣了，事實上那些食物的味道並沒變，變的是我的味覺。這讓我深刻體會到**「人如其食（you**

eat what you are.）」這句話的真諦──現在吃的每一口食物，
會造就未來的你。

什麼是真食物？

> Real Food，真食物就如字面意思，是真正的食物，即未經加工的魚、肉、蛋、蔬菜和水果等，而非基因改造，或加了化學添加劑或加工食品。烹調方式也要力求少油、少鹽、少糖，採用盡可能吃到食物原味的料理法。

 堆肥：讓生廚餘變身黑金土

飲食改成自炊真食物外，也要注意吃多少煮多少，減少

浪費。至於不能烹煮的生廚餘和果皮等，就把它們變成黑金土──堆肥。

堆肥可以說是我零廢棄生活中最喜歡的一件事，我們的飲食以蔬食為主，我通常會**把果皮拿來做清潔酵素，把蔬菜根等生廚拿來堆肥**。堆肥的方式有很多種，我採用的是覆蓋式堆肥，就是耗氧堆肥，方法很簡單，就是「覆蓋」而已。

我會固定在公園撿拾一些落葉當覆蓋物，以加速生廚餘變成黑金土的時間，或是將花盆的土作為覆蓋物也很棒。

有人問，如果黑金土越堆越多怎麼辦？如果你有陽台，就不需要擔心這個問題，因為生廚餘的體積變成堆肥後會縮小許多，而且這種天然肥料非常搶手，不用擔心沒人要啦！

先把生廚冰在冷凍庫裡，滿了就拿去堆肥。

堆肥可以減少垃圾，幫植物增加不少養分，還能減
少焚化後造成的空氣汙染，一舉三得。

覆蓋式堆肥作法

不用想太多，真的就是找個桶子把生廚蓋起來，放一段時間這樣而已。我的作法如下：

1. 準備一個可以放在冰箱裡的容器，大概可以放 4～7 天分量的大小，把生廚餘先暫放在冷凍庫，待容器放滿後，就可以直接堆肥。

2. 選一個沒在使用的人花盆，或是自製一個下面有洞可排水的容器。如果沒有洞，就要注意是否會積水，否則會影響到堆肥品質，有可能失敗。

3. 找天然的覆蓋物來蓋住生廚餘。覆蓋物的來源很多，最好的是落葉，或是不帶油墨的紙等。

4. 放置在陽台或其他空地，大概 4～6 週的時間，體積會縮小剩下不到一成，變成帶有土壤香氣的熟成黑金土。

自製廚房清潔劑

我家現在只有兩種主要清潔用品，廢油皂和絲瓜絡。

市面上的清潔用品琳瑯滿目，我應該沒有少用過一項，甚至連水果清潔劑都用過。在啟動零廢棄之後，我特別注意了我經常使用的馬桶清潔劑的成分：氯化鈉、烷類、二甲基苯甲氯化氨，淨是一些會發出刺鼻味，影響身體健康的環境荷爾蒙。此外，過年大掃除清潔廚房時會用到的，可噴出泡沫溶解油垢的清潔劑，也含有界面活性劑、溶劑、乳化劑、鹼性助劑、香料等，會傷害健康的物質。這些合成化合物清潔劑，除了會直接傷害健康外，流入水管→下水道→河川，再流入海裡造成汙染，最後人類透過吃進海鮮等方式間接再次受傷害。

事實上，透過**改變烹調法，盡量少油膩，然後使用自製酵素、過碳酸鈉、小蘇打粉、檸檬酸、醋、手工廢油皂等**，天然、不傷害健康、沒有刺鼻味，又洗得乾淨的清潔用品，就**能讓家裡乾淨，又不汙染海洋了**。我每次清潔排油煙機的集油槽時，會先準備一鍋熱水，然後添加過碳酸鈉粉，再把集油槽放進去浸泡 10 分鐘，就變得乾淨又亮晶晶了，比市售的去油汙清潔劑還好用。

1. 難洗的茶垢。
2. 倒一點過碳酸鈉到杯子裡。
3. 倒水進去浸泡一段時間。

洗得清潔溜溜，光燦如新

清潔力一流的廢油皂

洗碗我都是使用廢油皂，但這名字聽起來很不討喜，既然是拿來清潔，怎麼會用髒的或不要的油來洗呢？

製造手工皂都要用到油，但我們並不使用新油，而是使用過期油品、只炸過一次的植物油，或沒有炸過肉的油來製作清潔皂。使用這種肥皂有兩個好處：首先，可以讓清潔後不會再汙染河川生態，再來，可以減少廢棄油，減少二次汙染，光是這兩點清潔力就勝過化學清潔劑。

廢油皂清潔力一流，
笑傲市售化學清潔劑。

自製環保酵素

以前的我對環保酵素有所誤解,以為就是把一堆很噁心變爛的蔬果放在瓶子裡,過一段時間爛掉了,會產生白白的東西,並且發出臭味。記憶中阿嬤會把它們放在陰涼處,一直擺在那邊,瓶瓶罐罐上都積了許多灰塵,這印象造成我對環保興趣缺缺,更不要說是執行製作了。

我第一次製作環保清潔酵素是在冬天,收集了好幾個空罐子,並和朋友說:「你們有橘子皮都可以給我喔!」那個冬天我收集了好多橘子皮,做好的清潔酵素,足足可以使用兩年之久。

酵素有清潔、施肥、除臭、洗衣等許多神奇的功能,我最喜歡用在洗電鍋。每次朋友來訪,我都一定要跟他們說酵素的妙用,雖然大家對減少垃圾未必有興趣,但聽到可以輕鬆洗電鍋,又不用花錢,都紛紛豎起耳朵。

電鍋裡累積太久洗不掉的汙垢,用鐵刷用力刷都刷不掉,使用酵素很快就能分解汙垢。如果你的電鍋是不鏽鋼的,可能還會被誤會是不是又買了一台新的,因為實在是太乾淨了!

　　你可以在不同季節，選一種你喜歡的水果味道來製作酵素清潔劑，如果是不使用農藥的友善種植水果會更好。我個人不建議做綜合水果酵素，味道可能會太過複雜。我製作過橘子、鳳梨、檸檬這三種，最喜歡的是橘子皮。每一種水果發酵的狀況都不同，**鳳梨發酵速度快，半天之內瓶子就產生許多氣體**，要小心放掉這些氣體，所以**容器的選擇要非常小心，最好使用塑膠材質，可避免爆瓶**。此外，使用能密封的塑膠瓶，可讓發酵達到最好狀態。

　　有一年夏天，我心血來潮想製作鳳梨皮酵素，但是沒有鳳梨皮怎麼辦？經過黃昏市場，看到現殺鳳梨攤位的老闆就問：「老闆，可以跟你要一些鳳梨皮嗎？」

　　老闆很開心地說：「當然可以，要多少自己拿！」通常你跟老闆要收攤後得丟掉的東西，老闆都很樂意提供。那天黃昏市場人很多，我一個人拿著袋子，蹲在攤位旁邊就徒手撿起鳳梨皮往袋子裡丟，老闆和一些客人對我產生好奇，想著我到底撿這些垃圾要做什麼？

　　我說：「我要自己做酵素，夏天鳳梨皮很多很適合！也蠻省錢的！」

　　老闆和旁邊的阿姨們都大笑說：「你怎麼會這麼節省啦！

誰家娶到你真好啦！」

如何製作清潔酵素？

自製酵素是我零廢棄生活最大的收穫，我經常在初春到及初
夏自製清潔酵素。我最常利用冬天的橘子、夏天的鳳梨皮。
自製酵素的作法在網路上就可以搜尋到不少，例如：主婦聯
盟環境保護基金會網址：https://www.huf.org.tw/essay/content/2180
下面分享一下，我自己的作法：

【材料】
一個有蓋子的塑膠瓶、一種或數種你喜歡的蔬果皮、一些黑
糖或紅糖和水，發酵約 30~60 天，看氣溫而定，天氣熱發酵就
快，熟成時間短。不論容器大小，製作比例都是黑糖：果皮：
水＝ 1:3:10，完成後就可以使用了。

【作法】

1. 果皮洗淨後，撕成小塊，以方便塞入容器為準。

2. 把水倒入容器中，由於果皮發酵會產生氣體，所以要預留 1/3 空間，不要裝滿水。

3. 添加黑糖或紅糖後，鎖緊瓶蓋後搖一搖，使黑糖溶解。

4. 把果皮塞入容器內，鎖緊瓶蓋後再搖一搖。

5. 放置陰涼處，待發酵完成即可使用。

6. 耗時約 30~60 天，隨時注意打開瓶蓋，排出發酵氣體，避免容器撐破。

7. 使用時須稀釋利用，通常洗髮、沐浴、洗衣、洗碗用，依 1:10 的比例加水淡化。

1. 準備乾淨的寶特瓶，少許紅糖或黑糖、喜歡的果皮（柚子、橘子和鳳梨尤佳）。

2. 依照比例裝瓶等待發酵。

3. 發酵完成呈咖啡色狀即可做清潔用。

4. 難洗的大同電鍋，倒入少許酵素液靜置一夜。用天然菜瓜布最環保。

5. 鏘鏘鏘，放一個晚上，不費力刷洗就變出全新的電鍋了。

6. 左邊瓶子是預留空間的發酵前，右邊瓶子是除掉果皮渣的發酵熟成液體。

生活是延續的，
出國一樣不能自廢武功

　　各位聽說過嗎？**一架飛機出門一趟，會產生至少 350 公斤的一次性垃圾。**

　　有搭過飛機的人一定都知道，除非是搭廉航，否則一般飛機上都會提供各種讓乘客旅途舒適的服務，飲水和餐食自然不可少，光這些就能製造出誇張多的垃圾。我習慣自備水壺和餐具，過海關後裝滿水在機上喝。現在航空公司的餐點也會用美耐皿和不鏽鋼這類耐用的容器盛裝，能改善的部分也已逐步實行中。

　　2017 年 5 月是我人生首次搭乘商務艙，就像第一次住高級飯店一樣，對每樣東西都很好奇，覺得樣樣精美。要是零廢棄以前的我，就算再小的紀念品也一定會帶回家，順便和朋友炫耀說是商務艙給的，但我居然忍住了一樣都沒帶。

這是生活態度的問題，到國外也不能免

先準備一張翻譯好的小字條，在每次購物時就把小字條拿出來，表示「能否放在我的容器或杯子裡？」當然要先想好有可能發生的狀況，把每一句話都寫出來，例如：

「請問可以裝在我的杯子裡嗎？」

「請問可以裝在我的盒子裡嗎？」

「請問可以裝在我的袋子裡嗎？」

「請問我能夠借一點水洗我的餐具嗎？」

……等等，根據你自己的需求來列表。

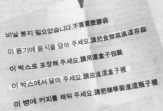

出國零廢棄 Step by Step

我第一次的零廢棄出國體
驗是去首爾，出發前準備好翻
譯小抄、手帕、便當盒、洗乾淨
的夾鏈袋、水瓶，以及最後一天
想帶麻藥飯捲回台灣給我家哈士
本（就是我先生啦）吃的小型餐
盒。行李箱裝了五天的衣物，並
且預留了餐盒的位置，還剩一半
的空間。

準備幾個便當盒，把異國的特色小吃
裝回家分享。

✳ Step 1

到了機場，行李托運
完成，記得檢查隨身行李
除了重要的護照和錢包之外，水
壺和餐具都放進來了嗎？在登機
口或是附近都會有飲水機，記得
登機前把空瓶子裝滿水。

✳ Step 1

檢查水瓶和餐
具都帶了嗎？

準備隨身水壺在登機前裝滿水。

★ Step 2

我和朋友一起搭經濟艙，我坐中間，準備好我的餐具，小心翼翼的注意拒絕飛機餐可能製造的垃圾。機上除了提供冷熱飲之外，酒類還會另給杯子盛裝。坐我隔壁的先生喝了三杯酒，就用了三個塑膠杯，我真的很受驚嚇啊！

一份餐盤會提供兩個杯子，熱飲和冷飲分開裝，左邊照片是我的，右邊是友人的。對照這兩個餐盒照，就能知道只要有心真的可以減少垃圾量。

鋁箔紙　　塑膠杯

塑膠蓋　　　塑膠蓋　塑膠袋　餐巾紙

★ Step 2

比一比就知道，垃圾真的無處不在

回程我搭商務艙，餐具是我自己準備的，所以幾乎沒有垃圾產生。

✳ Step 3

記得多帶幾條手帕當餐巾紙用，肚子餓了或嘴饞時，看到路邊小吃就可以馬上包起來帶走，是很棒的減廢方法，又不用到處找垃圾桶。

✳ Step 4

隨身備妥翻譯小抄！在人氣麵包店買麵包時，我好緊張會被拒絕，但是店員很友善，雖然一臉狐疑，還是幫我把麵包裝進去我準備好的夾鏈袋裡，出國零廢棄成功達陣！！

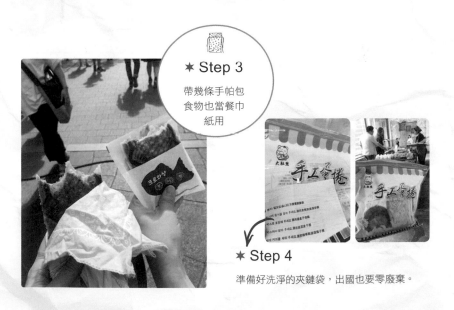

✳ Step 3
帶幾條手帕包食物也當餐巾紙用

✳ Step 4
準備好洗淨的夾鏈袋，出國也要零廢棄。

✴ Step 5

一趟旅行下來不太可能完全不
製造垃圾，照片是我小心零廢棄仍
然產生的垃圾 —— 買了水果，又喝
了幾罐必喝的香蕉牛奶。ㄟ～角落
裡怎麼多出了一個寶特瓶?!

✴ Step 6

最後一天回程，去買了出發前就想
好、可以帶入境的食物回來給哈士本吃，
用自備的餐盒裝麻藥飯捲剛剛好，老闆還
幫我裝到滿喔！

 不要因為出國而畫地自限

這是我執行零廢棄生活後，第一次出國去玩。

當時真的很熱血，製造垃圾對我來說比不製造垃圾更痛
苦，於是想盡辦法不製造垃圾，因為太集中心思去做，變得
無法照顧到旅伴的感受。

　　比方說，當我把大手巾拿出來買麵包時，都感覺得到我身後的友人替我感到尷尬不已，不知她的表情是不是努力裝出不認識我就是了？哈哈哈。

　　旅行回來後，我和其他朋友分享這件事，有朋友表示，她不會覺得我很奇怪，而且同行那位朋友一樣製造她自己的垃圾，我堅持不製造我的，兩者互不干涉，我一點都不需要感到負擔。

　　不過，那位朋友後來就真的沒再找我出國了！雖然這樣，但我一點也不難過，因為我和她的旅行目的已經不一樣了，單純消費物質的旅行方式，已經不存在我的未來計畫了。

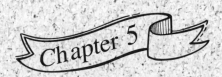

貓旅館的零廢棄實踐

「工作好有意思耶！

尤其是看著別人工作。」

（"Work fascinates me." I can look at it for hours.）

——加菲貓

寵物也能配合零廢棄

　　我先生習慣零廢棄之後,我們開始試著讓貓咪也加入。我先和牠們商量,採取循序漸進的方式,讓牠們慢慢改變習慣到完全適應。寵物不需要工作,對牠們來說,一天的活動不外乎睡覺、吃飯、排泄和玩,吃飯和排泄說是牠們會產生的主要垃圾也不為過。下面就根據貓咪一天的主要活動,一一來為大家介紹如何實踐寵物零廢棄。

貓咪的飲食

　　就跟人一樣,吃飯問題是有效減廢的關鍵,所以我也研究起貓咪的罐頭、飼料和零食。

　　人類的罐頭食品,有規定不得含有雙酚 A,但是寵物的沒有受規範,乾飼料中甚至有 50 ～ 80 種以上的成分。很多

寵物主人並未注意這些成分會危害愛狗、愛貓的健康，還因為貪圖方便，一直傻傻的買。我自己就是其中一員。「天啊！我到底都買了什麼我不知道的東西啊？」意識到這個問題後，我開始學習**也幫貓咪準備真食物，這不但讓牠們更健康，也省下了可能必須支付的醫療費。**

　　最初想幫貓咪改變飲食習慣，是因為想減少垃圾，特別是裝飼料的塑膠袋。但是，當我看過一部有關寵物食品加工過程的紀錄片《寵物食品秘辛》（*Pet fooled*）之後，我了解到加工食品對貓咪的健康危害甚鉅，以及許多加工副產品（人類淘汰不用的羽毛、死畜、肉粉等）造成的汙染問題，還有加工食品為了防腐添加了高致癌風險的人工抗氧化劑等，這些在在強化我想幫貓咪自製食物的決心。實踐之後才發現，**讓貓咪吃真實的食物，不會比買高級的飼料還要貴。**

　　貓是肉食性動物，天生以獵捕取食，需要攝取全蛋白質。貓咪已經吃習慣飼料，要牠們突然改變，就跟要我們人類從大魚大肉轉為健康蔬食一樣，一開始的接受度不高，而且我的貓咪都已進入中高年齡，要改變習慣更是難上加難，所以光是幫牠們轉食，大概就花了一年多的時間。

把煮熟的雞肉打成泥，
裝入保存盒裡備用

★ 貓咪轉食小撇步

自製鮮食要用掉比較多的食材，一開始我們先買純熟肉主食罐頭（要注意雙酚 A 問題）。罐頭自然不是新鮮食物，而且會產生垃圾，所以只買了幾罐小試一下，看看貓咪是否買單。透過與貓友交流得知，**「貓咪普遍不愛主食罐頭，轉食需要多點耐心，漸進式的給予正確食物。」**有些貓咪適應力佳，馬上就能接受健康食物，如果是這樣，接受自製鮮食的機率很高。

千萬不可忽視貓咪必需攝取的營養，不要只給清蒸雞肉當三餐吃，肉煮熟後會流失必要的營養素，久了可能造成營

養失衡而危害健康，務必做好功課。網路上可找到不少貓奴的經驗分享，務必多看多問。

　　貓咪可接受熟食和生食，除了自己煮肉泥外，市面上也能買到熟食罐頭；另一種生食，就是肉不煮過，直接以生肉餵貓，這種餵食法最符合貓的獵食天性，我們家就是生肉派。

荷爾蒙干擾素：雙酚 A

雙酚 A 常作為聚碳酸酯塑膠（polycarbonate, PC）之原料，另外也被用於罐頭內壁塗層。雙酚 A 已被證實會干擾人體內分泌內且有致癌性，會影響嬰幼兒的生殖系統與免疫系統，而且有人類流行病學研究，也發現雙酚 A 與成人的第 2 型糖尿病及心臟疾病有關。另外，長期或過度接觸雙酚 A 還會造成肥胖、糖尿病、心血管疾病等情形。

參考資料來源：https://www.fda.gov.tw/tc/siteContent.aspx?sid=3822
https://e-info.org.tw/node/39227

★ 吃真正的食物

　　貓咪以生態來論，是屬於獵食動物，所以需要全蛋白質飲食。由於飼料加工過程不透明，為了貓咪的健康，我們都是**自己幫貓咪準備生肉餐，完全掌握從產地到餐桌的過程**：清楚雞肉購買來源、低溫冷凍殺菌、自己親手料理，沒有比這更安全的食物了。如果你對生肉的保存有疑慮，建議從熟食開始餵貓。

肉泥食譜

[材料]

新鮮的鮪魚或鮭魚　　　150 克
食物增稠劑或洋菜粉　　適量

[作法]

1. 水煮或清蒸鮮魚
2. 加溫開水 150 cc
3. 用攪拌棒或果汁機打成泥狀
4. 加入適量的食物增稠劑繼續拌勻
5. 靜置 2 分鐘放涼後，裝入製冰盒冰入冷凍庫備用

[營養強化添加]（每份 40 卡熱量）

基底肉泥 40g
＋魚油 0.76g ＋植物油 1cc ＋綜合營養膏 2g

1. 貓咪的飲食首重蛋白質，雞肉和雞蛋是很好的選擇。
2. 我們家貓咪是生肉派，能完全掌握食物來源和品質。
3. 要適當的幫貓咪補充水分，以避免腎臟疾病。
4. 貓咪需要水分，所以把肉泥結成冰塊，方便解凍後給貓食用，補充水分。
5. 貓咪很喜歡融解後的營養肉泥。

貓咪的排泄物

　　貓咪是天生愛乾淨的動物，自己會找沙子上廁所。礦物砂是一種人工沙子，尿在上面會自動凝結成團，方便飼主過篩做清潔，就跟我們上廁所沖馬桶一樣，輕鬆便利。市面上販售的貓砂種類非常多，以凝結式的礦物砂占大宗，當然也有一些標榜環保，實際上很不環保的貓砂。此外買貓砂會產生一個袋子，清理貓砂又需要一個袋子，而且礦物沙無法回收及堆肥，只能丟垃圾車，最終進入焚化爐，還可能造成空氣汙染。所以，我們開始比較各種砂子的環保效果，希望**找到代替貓砂又不產生垃圾的方式**。

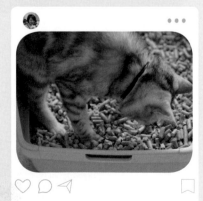

♥木屑砂是高環保效果的資材。

貓砂堆肥

貓咪每天花很多時間整理身上的毛；每天接觸貓砂、整理舔毛，再把接觸到的物質都吃進肚子裡，所以應該避免使用帶香味的貓砂，化學除臭劑也是能避則避。若是標榜天然，也要清楚成分是否為真正的天然除臭劑，一個選擇不當，都可能讓貓咪生病。

★ 貓咪怎麼上廁所才不會產生垃圾？

我們家貓咪是使用天然可溯源，而且是**零甲醛檢出的崩解式木屑砂**。我嘗試減少垃圾產出的最大成就，是把每個月家裡的貓（不包括貓旅館產生的）會產生的 40 公斤貓砂做成堆肥。在崩解後的木屑與每日產生的生廚餘上覆蓋落葉，靜置六週後變成黑金土。黑金土會有一股土壤香氣，富含有機質，很適合種植及育苗。

我們家都使用崩解式木屑砂，很適合做堆肥。

甲醛已被證實有致癌疑慮，而且會刺激皮膚、呼吸道、中樞神經系統等。

　　貓砂的種類有很多種，如果要做堆肥，必須選擇天然環保的，例如木屑砂或豆腐砂、紙砂等，我們家使用的是崩解式木屑砂。如果是跟我們一樣，養了很多隻貓，就有必要找塊空地來堆肥，並且要能消耗這些堆肥培土。我們家一個月至少產生 40 公斤的木屑砂，分量不小，於是找了個香蕉園當作堆肥基地。貓尿屬於氮肥，木屑砂則是碳肥，我們把這兩種主要資材調整出最佳比例，得以在兩個月內快速分解，以便後面的堆肥資材不塞車，能一直順暢進行。

　　2017 年 5 月第一次在香蕉園做生廚餘及木屑砂堆肥，一年後香蕉長到快五公尺高。如果家裡只有一個小陽台，是否也能把木屑砂拿來堆肥呢？如果你只養了一隻貓，參照堆肥作法，等待六週之後，就有有機培土可供給你的陽台花圃施肥囉！

1. 這是我們的堆肥基地，香蕉樹已經超過 5 公尺高了。

2. 老公正在覆蓋枯枝落葉堆肥。

3. 我腳下正踩著一大片黑金土。

貓咪的玩具

　　養寵物就跟養小孩一樣，不只給牠們吃，清理牠們的排泄物，當然還要陪牠們玩，玩具自然沒少買。就拿貓抓板來說，我們家的貓大概用了半年就會換新的，前前後後堆積了十幾個，其他玩具就更別說了。在只有十來坪的生活空間裡，可以說走兩步就會踩到貓玩具。

　　由於我們經營貓旅館，也賣寵物用品，所以只要有進新的零食或玩具，都會想讓家裡的貓小孩試試，不知不覺間變得不惜物，既浪費又占空間。不久前去到朋友家，看到三年前送出去的貓抓板，朋友家的貓還在使用，真是汗顏。我雖然會把用舊了或髒了的玩具送給朋友，讓玩具可以循環利用，但回想起貓咪小時候只給牠們紙球和紙箱，牠們就能玩得不亦樂乎，突然覺得自己真的很浪費，這才思考起自己動手做玩具。

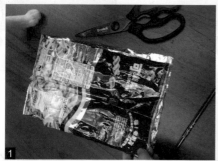

1. 貓喜歡追逐亮亮的東西，零食的包裝袋是個好選擇。

2. 材料很簡單，一段鐵絲＋一個可樂果包裝袋＋一把剪刀。

3. 零嘴包裝袋剪開，傘狀綁在壞掉的逗貓棒上，賦予新生命，也是個極佳的貓玩具。

貓咪的醫療

　　生病看醫生產生的垃圾是必要的，但我們仍會盡量減少這類垃圾。每次帶貓咪去看診，在還沒上診療台之前，醫生都會先鋪上一張拋棄式尿墊，這個尿墊能阻隔診療台的冰冷，讓貓咪舒服一點。但我都會自備用過的尿墊，第一次帶貓咪看診時，當我阻止醫生的習慣性動作，醫生稍微詫異了一下，並未換成我自備的尿墊，後來幾次醫生終於用了我自備的尿墊，甚至有一次還拿了醫院的布巾代替。有一段時間，大概有半年之久，我們常帶著貓咪往返醫院，傷心頭痛貓咪頻繁生病之餘，也沒忘記減廢。

　　另外，貓咪看病後，醫生也會開藥，第一次我們會遵從醫院使用醫院的藥袋，之後回診就會帶著同一個藥袋，在掛號時先把舊的藥袋交給櫃台，請他們備藥時裝入舊的藥袋裡。

除尿理毛零廢棄

　　養寵物最麻煩的就是味道，特別是貓尿，相信有養過貓的人都能認同。我以前很常買一堆除臭劑，但效果都不太好，而且大多是化學香精散發的氣味，實質上並沒有達到除臭的效果。當化學香氣散去後，會再聞到原本就存在的臭味，然後就再噴灑一次。聞久了，對人體和寵物的健康都有不好的影響。

　　我現在都用**自製酵素或醋來消除異味**。只要把自製酵素或醋倒入噴水瓶裡稀釋，噴在任何出現異位的地方，或是依比例滴在洗衣機裡，不僅能免去買瓶瓶罐罐的煩惱，還能維護健康。

　　第二個傷腦筋的，就是貓毛了。我也很討厭清理貓毛，以前會去買滾筒式黏毛把，滾一滾就清潔溜溜，黏完髒了就丟，消耗非常快，幾秒鐘就創造出一張張的塑膠垃圾。

　　現在，我的解決方式如下：一、選擇材質比較不會黏毛的衣服和家飾品；二、需要黏毛時就戴上橡膠手套，運用靜電原理集中貓毛；三、使用吸塵器整理床及沙發等處。

　　吸塵器是我家零廢棄生活的必備品，附有除毛功能的吸頭，可輕鬆除毛，還可以清潔地板及平台細縫，而且不會產生廢棄物。除了吸塵器之外，也可以選用非一次性的除毛滾筒或除毛把，一樣都是減廢的好工具。

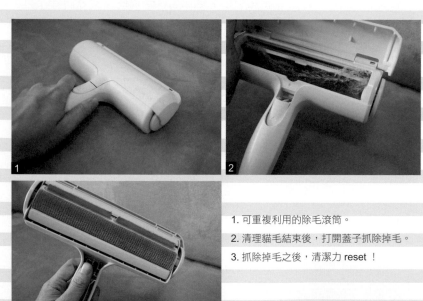

1. 可重複利用的除毛滾筒。
2. 清理貓毛結束後，打開蓋子抓除掉毛。
3. 抓除掉毛之後，清潔力 reset ！

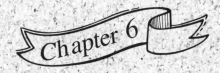

Chapter 6

我們與垃圾的距離

「我們應當是地球的未來，

但是我們帶來垃圾，把它弄髒了。」

（We are supposed to be the future of this planet and

here we are with our trash, messing it up.）

——勞倫‧辛格（Lauren Singer）

堆積收納箱，不叫整理

　　住家坪數小的購物狂家裡，想必一定是塞滿東西，如果
又崇尚 IKEA 或是無印良品的簡約風，那一定會有不少收納
家具或抽屜，至少我們家是這樣沒錯。實際上，**那些捨不得
丟的、裝在收納盒裡的東西，可能放了幾年都沒動過。**

　　接觸零廢棄之後，我開始進行掃除長物的作業，從收納
盒裡翻出一些稀奇古怪的東西，像是一整鞋盒的老照片，不
少場景已沒了印象，甚至有些影中人連名字都忘了，原本是
為了保留美好回憶而收藏的照片，卻完全沒了記憶，這似乎
已失去收藏的意義了。所以，我最後只留下一些珍貴的照片，
像是有紀念性的阿嬤照片，然後把一些可能對某些親友別具
意義的照片還給當事人，連同一些不具意義的往返信件，毫
不留情的統統送進碎紙機裡，**正式向無意識生活說再見。**

這張照片是阿嬤在 1988 年
漢城奧運現場的留影

1. 同一張照片,每個人的回憶和感動不同,還給當事人是不錯
   的作法。
2. 每一個收納抽屜都裝了好像會用到,但其實用不到的物品。
3. 沒整理都不知道光照片就積存了這麼多。

　　當我把各種多餘的東西清掉之後，留下的空的收納箱，大大小小至少有 20 多個，真的是太驚人了，這不免讓我再一次反省自己真的太會亂買。因為很愛買，又懶得整理，看到家居雜誌上那種清爽潔淨的生活空間，就腦波弱的買了一堆收納箱及整理架，試圖讓家裡看起來整齊一點，效果當然沒有雜誌上那樣高雅簡潔。

　　相信不少人都有同樣的問題，實際上**這不叫整理收納，而是惡性囤積**。我們現在是租屋而居，在小小的空間內堆滿收納盒，真正生活的空間越來越小，那到底是付租金給人住，還是給貨物住呢？**真正有效果的收納，不外乎計畫性消費和不浪費**，不僅能達到室內美觀簡潔的目標，還可以減少家庭支出和家務負擔，更不用擔心不知道東西收去哪兒了。

把裡面的東西丟掉後，
居然多出了這麼多個空收
納盒和收納抽屜。

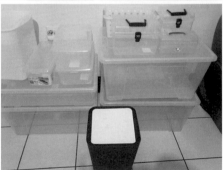

你可以越收越少

收納盒就像個神秘黑洞，當你把東西放進盒子裡，要再打開的機率幾乎零。我自己光是清空收納盒就花了兩年半之久。回想起來是一段相當折磨人的過程，好像被懲罰一樣，但畢竟是自己造的惡業，也沒有什麼好抱怨的。我當時把整理好的東西，透過交換社團、贈物網或公益單位，一一媒合給需要的人。

花時間處理自己花錢買來的垃圾也不全然是災難一樁，透過斷捨離逐一清理長物的過程中，我也更了解自己，更清楚自己在做什麼，這也可以說是洗滌心靈的好方法。如果你還沒開始零廢棄生活，也想從整理多餘的物品開始，建議你可以這樣做：

① 整理前不要急著買收納箱。

② 把東西全部都放在一個大空間，檢視你的物品。

③ 檢視一年以上沒拿來用的物品，留下需要的，不需要的就幫他們找新家，可透過贈送、換物或分類回收的方式。

④ 確認需要的物品之後，再開始規畫收納空間。

拒絕不需要的物品或贈禮

　　這是最難的課題。不論是送禮和收禮都有可能踩雷，送要送的有理也要有禮，又怕讓對方覺得沒禮貌，所以往往都會收下或是硬送。

　　每年中秋節，娘家有一種送禮潛規則，一定要送圓形的月餅，送錯會被臭罵且要重新買，結果不知累積了多少中秋月餅，吃不完的月餅還要想辦法送人，或是冰在冷凍庫至少半年。這樣不叫浪費，那什麼才是呢？

　　大姑每次買東西都不會忘記買給我先生，像是生活用品、健康保健食品、洗髮精、沐浴乳，吃的喝的用的都有我們一份，我先生比較客氣，都會想要收下，卻因為我的堅持而拒絕。**我總是說「不！」的那一個人。我無法忘掉拒絕大姑時她臉上尷尬的表情。**

　　記得有次大姑買了洗髮精送給我們，當先生開心收下時，

我跳出來跟大姑說：「我們以前買的洗髮精都還沒用完，一罐可能還要用個三年，你再送我們這罐，還沒用到就過期了。謝謝你，真的不需要。」

有時候我的堅持，在別人眼中似乎很沒禮貌，也真的被嘲笑過：「她不收是怕家裡的垃圾太多」或是「收了，她的104克不就要增加不少啊」之類的話。但事實是，不只我家的垃圾增加，是全世界的垃圾都增加了，**面對不了解的人怎麼解釋都沒用，所以我還是繼續堅持原則。**

如何送禮又講求環保？

送對方需要的東西，是最好的方法。我都會主動問朋友，尤其是剛生小孩的人，問問他們需要什麼？媽媽朋友都會收到很多尿布，但也因為這樣，小尺碼的尿布可能會過多。不妨觀察朋友或是直接問他們需要什麼樣的禮物，送對方適合的用品，或是直接包個紅包，都是很實際的作法。

✴ 拒絕客人的心意

我們家是開設貓旅館的，當客人帶貓咪來寄宿，通常是因為出國玩或出差，客人來領貓時，經常會帶來小禮物，尤其這幾年，收到的禮物真的不少，有時候還真的多到不知道要放到哪裡。

要對客人開口說「不用幫我們準備」，真的需要很大的勇氣，但是我終究還是開口了！我握著客人的手，很專注地看著她說：「你這次出國不用費心幫我們準備禮物！」講出來時真的鬆了一口氣!!客人說：「我以為你要叫我幫你買東西！」我們一起大笑，她說以往要出國都是被拜託買東西，從沒遇過說不用準備禮物的。

✴ 不收業務往來的名片

我們也開始不印名片，而且遇到有業務或朋友要給我們名片時，我會先收下，拍照並上傳電子通訊錄做好紀錄後，再還給對方。名片需要保存，也怕弄丟，電子式存放是最好的作法。

★ 不收電信續約贈禮

　　又有一次接到電信公司的電話，問我們是否續約，原本要拒絕，但是續約才不會被漲價啊！所以非得續約不可，但是續約方案沒有折價選項，只能選擇「續約換好禮」。禮物有衛生紙、3C 用品等，我不斷拒絕說不用，電訪員就一直用狐疑的口氣問我：「真的不需要衛生紙嗎？」考慮了許久，還讓電訪員打了兩通電話，我才因為需要而選了橄欖油。那位電訪員覺得我很奇怪，忍不要要問，為何我三番兩次拒絕贈品，我跟她說，我沒有在用衛生紙，她還再三確認，一副完全不相信的口氣，讓我留下深刻印象。

★ 不收店家餽贈或集點卡

　　有次和零廢棄教會的朋友相約去玩密室脫逃的遊戲，結束後服務人員問我們是否要集點卡，可以集點換禮物，全部人的反應全寫在臉上問說：「什麼禮物？」我說：「是下次來玩的折價券嗎？」服務員說：「不是～」結果大家異口同聲且很害怕會拿到禮物地說：「不用，我們不需要禮物，也不用集點卡。」

我的集點黑歷史

1999 年，全台灣為了麥當勞 kitty 貓瘋狂集點時，我還沒參與，但是不久也不敵無嘴貓的魅力，掉入便利商店的集點黑洞，一路走來也收集了不少。仔細算一下，居然有 19 年之久，顯然我在這上頭花了不少錢啊。但是這麼多年來收集的東西，沒有留下任何一項，因為集點來的多半都是單純「想要」的「不需要」物品，熱潮退去後，就被塵封在收納箱裡，成為無用的垃圾。

集點是很能刺激消費的作法，所以商人樂此不疲，很多消費者都沒想過，其實無形中花了更多的錢，已經超過集點商品的價值，以為賺到了，其實是花更多。我現在偶爾還是會集點，但是只集需要的東西，而且是不多花錢的集點，透過網路社群向同好募徵點數或是交換商品。這樣做可以減少購買不必要的東西，也減少可能產生的垃圾。

✳ 在門上貼告示拒絕傳單和選舉垃圾

選舉期間，我們店裡老是有候選人拜訪，要送我們口罩、筆、筆記本、面紙、扇子，但我們都用不到，那要怎麼辦呢？我們製作了一個告示牌，寫上：「我們不需要這些東西，謝謝。」把原本收到的東西貼在告示牌上，掛在門口，從那天開始才減少了選舉小物，而原本收到的東西，至今還躺在抽屜裡沒用，成了不知如何處理的垃圾。

同理可證，如果不希望收到廣告單，一樣能在信箱上貼一張「我們不需要廣告單」的小告示。有人說，這些廣告單可以折成小紙盒，裝一些垃圾骨頭，還能回收再使用，但是對於沒有垃圾的人來說，哪裡需要一個容器來裝呢？我們這三年多來，一共斷捨離至少 6 個垃圾桶，無形中還增加了一些生活空間。

如何減少垃圾和避免產生不必要的垃圾？

當你自然收下，對方自然就覺得你需要；當你開始拒絕，垃圾就會開始漸漸減少。

① 廣告單：請想想你花了多少時間拿廣告單，又整理它們再丟棄？建議除了在信箱貼上一張告示單之外，還可以打電話請對方別再寄送。

② 百貨公司雜誌：主動打電話去百貨公司客服中心取消寄送商品目錄冊，年節活動需要時上網查看電子廣告即可，不失為不製造垃圾的好方法！

③ 試用品：免費試用品真的好棒喔，但實際上拿了最後也都沒使用、或沒用完，最後送進垃圾桶。所以，唯一的方式，就是拒絕不拿。

資源回收物真的被再製利用了嗎？

零廢棄生活必須遵守 5R 原則：

Refuse ——拒絕

Reduce ——減量

Reuse ——重複使用

Repair ——修理

Recycle ——回收再用

其中最大的問題是 Recycle。回收再利用是很多人製造垃圾的最佳藉口，我們以為回收可以為這些不會消失的垃圾找到出路，其實不然，而且已經成為一個難解的大問題。

每年過年大掃除的前後，因為工作的關係，我都會巡視各社區的資源回收室，時不時會看到大家把塵封已久的東西丟出來。不論是用得到或用不到的、壞掉或沒有壞掉的、新的或舊的，統統進了資源回收室。

　　我最喜歡逛資源回收室了，因為「用不到的東西是垃圾，用得到的東西就是寶物。」在這裡很常撿到電風扇、烤箱、全新收納箱，甚至還有電器等。每次一有這樣的機會，我都會瞧瞧回收桶，有什麼可利用的東西？但每次撿就會被問：「你撿垃圾回家，不會有囤積的問題嗎？」我都回答：「當然有，所以我並不是撿回家，只是覺得東西還可以用，丟掉很浪費。」

　　朋友的爸爸很喜歡修理電器，他的巧手會賦予回收物新生命，再用便宜的價格出售，把原來可能成為一團廢鐵的東西，變成有用的物品。所以，我通常把撿到的電器送給他，或是有需要的人。

　　關於 Recycle，我常聽到：「我有回收啊，環保就是要回收。」很多人覺得自己已正確回收，並沒有製造垃圾。各位可有確實追蹤過，**你丟入回收桶的東西，真的有進入良性循環的製程嗎？或是直接被丟入焚化爐，然後產生廢氣汙染環境？**

　　現在環保署推動的新觀念是「零廢棄」，要解決巨大的回收系統問題，須從消費時、甚至是製造時就盡可能減少，或不要產生太多廢棄物，以減少回收系統的負擔，這是我們目前必須追求的目標。

　　也因此 5R 中的「Reuse」，重覆使用及惜物就顯得十分
重要，而且大家只要改變觀念就能做到。不管是巡視各社區
的資源回收室，把可用的電器交給朋友父親，或是回到婆婆
家，看到一堆塑膠袋，就卯起來動手整理，這些都是在實踐
「Reuse」。真正的環保，其實是重覆使用舊有的物品，而不
是做到資源回收即止。

 ### 衣服不只要重覆使用，還要少買

　　衣服也是執行零廢棄生活極需檢視的項目。如前面提到
的，我和先生很會買衣服，但我們現在已經不再追求 CP 值，
而會注意保持「質量大於數量」的原則。

　　因為以前買太多了，而且每一件都有故事，整理起來非
常棘手，能送的就送人，能賣的就賣，但是又賣不了幾個錢，
所以最後是趁著朋友要捐衣服時，一鼓作氣統統送掉，才結
束整理衣服的噩夢。老實說，至今我的衣櫥還沒有達到理想，
儘管已經比以前少很多，仍有很大的努力空間。

零廢棄推廣活動

為了推廣「零廢棄生活」我和幾個朋友曾經發起零廢棄網聚，我們拿枯樹葉做名牌，別在每個參加者身上。然後請大家遵守零廢棄原則，各自準備餐點到集合地點一起分享。可以自己煮，也可以自備容器購買，目的是強化大家對零廢棄的認識。

像這種有志一同的小型活動，難度比較低。如果是大型的活動，又選在餐廳舉辦的話，要找到可配合零廢棄餐廳得費一些時間多問幾家，我參加過的活動不少都因為怕麻煩而失敗。

通常大一點的餐廳，比較可能支應 30 人以上的活動，而且多半都備有大型瓷盤或鐵盤，也有外送服務。

1. 拿枯樹葉當名牌，在上面穿個小洞，綁上麻繩後，再寫上名字，就是一個很棒的零廢棄名牌。
2. 零廢棄網聚，有人帶小孩一起來參加，是一次極佳的機會教育。

芭蕉葉當盤子，柚子樹的刺當叉子，三明治看起來更美味了。

3 一大鍋的涼麵，自己配菜、澆淋醬料，再加一顆水煮蛋。
4. 飯後還有蛋糕、點心和水果，每個人都吃得滿足又健康。

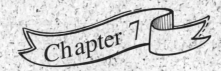

Chapter 7

零廢棄創業

「不把任何東西送進垃圾掩埋場，

也不投入垃圾桶，什麼都不丟。

然而，我會回收和做堆肥。」

（No sending anything to landfill, no throwing anything

in a trash can, nothing. However, I do recycle and I do compost..）

——勞倫·辛格

不只生活，也把環保落實在工作上

2017 年初，我像傻瓜一樣，以為人人都關心環保，而躍躍欲試地把減少一次性塑膠垃圾的概念導入我的寵物旅館，從最基本的買賣貓砂，但減少塑膠袋做起，沒想到這竟然是個艱難的開始。

養貓會產生的第一個垃圾，是貓砂的塑膠袋或紙袋；第二則是貓飼料產生的塑膠袋或罐頭垃圾。要解決塑膠垃圾問題，就要從源頭減量，於是我先從減少貓砂的塑膠垃圾開始做，心想著**如果我賣東西給客人，沒有提供一次性的塑膠袋，這樣客人至少也能減少產生一個塑膠垃圾。**

我通常會買一種塑膠桶裝的貓砂，當貓砂用完後，塑膠桶也就成為垃圾了。由於很方便，身旁很多朋友及客人也都買同一款貓砂。因此，我首先著手收集容器，請工廠幫我裝好貓砂，讓我放在店裡販售。起初只是為了減少一次性塑膠垃圾，所以

我把貓砂裝好、放在店內販售，請客人使用完畢，再拿桶子來換一桶新的，讓桶子可循環利用。這種營運方式上軌後，我又不滿足了，覺得垃圾產生的速度太快，連貓砂都需要再更環保一點，於是我研究了多種貓砂，找到最環保的熱塑型崩解式木屑砂。

　　做環保真的帶給我很大的快樂，而且我一向行事衝動，所以也沒想太多就租了一個倉庫，放滿崩解式木屑砂，結果到現在還賣不到一半。我這才發現，**老實的做環保生意並沒有想像中簡單**，會跟我購買這種貓砂的客戶也太難找了。我抱持著做功德的心態在進貨和付房租，但是先生都會提醒我要設下停損點，再這樣下去不行。

　　有一陣子倉庫幾乎變成資源回收站，擺滿了我們收集來的綠色空桶，也因為貓砂賣得很慢，房東很擔心我們繳不出房租，常來關心我們的生意，我們也只能苦笑的說：「當作是在做功德啦！還可以！」我心裡一直盤算著究竟能撐多久？直到 2019 年，才陸續有多一點人購買，**支持這個再填充貓砂的計畫**，即便如此還是必須更努力才行。

　　再填充貓砂需要小綠桶，有不少跟我一樣對塑膠敏感的朋友們，在發現有小綠桶即將被丟棄，不論台北或台中，騎車或開車，都會不顧一切的去幫我取回，也因為他們的幫忙，在一年多的時間內，收集了一千多個小綠桶，重新賦予新任務給這些可能變成垃圾的桶子，我真心感謝這些朋友的幫忙及陪伴。

1. 環保小尖兵，再填充貓砂計畫的主角。

2. 不論多遠，零廢棄好友都很熱心地幫我取回。

3.& 4. 電眼一掃到小綠桶，不怕弄髒弄臭也去撿回來。

5. 開始收集小綠桶時，也會用回收塑膠袋裝貓砂賣給客人。

6. 慢慢的有更多客人支持，願意一起做環保。

小綠桶真的很
方便分裝

環保信仰者的零廢棄教會

「如果你信仰環保，歡迎入教。」

我的信仰是環保，以分享多餘物品做到零廢棄，這也是
樸門的中心理念之一。環保需要透過很多人的力量集結，才
可能讓環境變好。共好，一直是我在環保生活裡追求的生活
模式。

**「零廢棄教會」是集合一群有共同信仰的人而成立的社
群**，在這個團體中逐漸聚集了在地而且可以互相幫忙的朋友。
一開始我們是先從共購小蘇打粉開始的，每次大家帶著容器
到店裡一起買小蘇打粉時，就會看到店裡堆了好幾包，像是
25 公斤水泥袋的東西，那景象真是有趣。

每次共購，我都把自己搞得很忙，但是看到大家自備容
器前來裝盛，真的有一種莫名的成就感。大家幫環境減少一
些塑膠袋之外，也透過正確的使用清潔用品，讓河川免去被

汙染的危機，這一切的忙碌，非常值得。我們稱彼此為教友。
教友們漸漸有一些零廢棄的需求，我就負責幫大家去尋找能
配合自備容器採購的賣家。

　　舉例來說，買牛奶這件事，因為大家都說塑膠不好，我
就買了玻璃瓶裝的牛奶。但是後來發現，原來玻璃回收也有
難度，**任何垃圾都會因為我們的過度製造，導致後端不易處理
的困擾**，所以我開始就近去找願意幫大家重複裝瓶的牧場。
現在教友們每個月一起合購牛奶，由我幫大家載空瓶子往返
牧場取回牛奶，那些瓶子已經重複利用過很多次了。

大家合購牛奶
所用的玻璃瓶。

共享、交換資源也是零廢棄

透過社團逐漸聚集了有環保意識的朋友，我想說既然有自己的店面，就不用另外租借場地，於是提供店裡閒置的空間，讓大家有個地方互相交換用不到的東西。例如，我有個背包用不到了，就在教友群組詢問是否有人需要？然後把背包放在店裡當中繼站的空間，需要的人就不用擔心時間問題，方便時來取就好，無償提供教友便利性服務。

共享及交換資源可以減少更多的垃圾，很多時候人們因為一次需要，就會創造一次消費，然後產生閒置的物品，最後成為垃圾。所以，**不讓物品閒置是減少垃圾最好的方法**，於是就在地方上號召有共識的人成立了小群組共享資源。有次妹妹帶外甥來找我，晚上有夜觀青蛙的活動，但外甥沒帶布鞋及長褲，於是我求救於教友，教友們很可愛，連襪子都幫我準備好了，原來大家都是零廢棄小叮噹耶。

當晚的活動，因教友的支援，讓我們玩得很盡興，活動結束後，把借物洗乾淨再拿去還給教友。最近有個教友腳受傷了，想商借拐杖，也都順利借到了。教友們因為住得算近，除了借東西之外，還有很多零廢棄的點子可交換，只要有任何零廢棄問題，大家都很樂意集思廣益，一起開心學習。

零廢棄教會

媒體是宣傳環保信仰的大助力

　　我有個攝影師朋友陳恒芳，因為常看到我在臉書上分享實踐的文章，說她想記錄我的生活，拍我的減少垃圾紀錄。她跟我說：「加零，我覺得可以透過報導來影響更多人，這是一件好的事情，我們來安排時間吧！」我們就這樣斷斷續續的完整的記錄了半年的環保生活，**沒想到這小小的動作，帶來了好大的迴響！**

　　我很謝謝每一個來採訪我的記者及編輯朋友，每一則報導都影響我們好多，也因此更督促自己多多學習。從《蘋果日報》《小日子》雜誌到《一条視頻》從上海來記錄我的生活，我體會到媒體的力量好大，也特別珍惜這一個力量。從一条的影片曝光後，收到不少來自網路的迴響，**每天都有人來店裡朝聖，詢問環保生活的事，**或來支持我們的再填充貓砂計畫。一条視頻就像是我們在辛苦推廣環保生活的期中考拿到

A+ 的成績般。

　　在這幾次接受採訪的過程中，我體會到被採訪者及採訪者團隊的辛苦，我們要如何把三年來做的每件事，在短短的 5 ～ 15 分鐘的影片或一篇報導中講出來，甚至可以感動到很多人，也和我們一樣改變生活方式，和我們一樣對土地產生共鳴，實在不簡單。我們在一条的 5 分鐘短片，有將近一百萬人瀏覽、一萬二千多次分享，以及近千個留言，九成九以上都是正面的留言。

　　短片一開始播出時，我真的很緊張，雖然知道自己是在做一件好事，但總是會想「別人是怎麼看的呢？」畢竟我這一路上曲曲折折，不過是為了減少點垃圾，還遇到了很多的困難。每看一則留言，我就像打了一支強心針，**我們真的把握到機會可以把環保信仰好好的傳出去了。**

　　做每一件事情，無論被定位為好或壞，總會有人用放大鏡來檢視，有些人覺得你想紅，有些人會覺得做好事要低調，避免招惹是非。在每次的受訪過程中，我都盡可能的把握說話的機會，真的是**把自己當傳教士在宣揚「環保教」**，透過管道不斷的把這個信仰傳出去。我知道這是正面的，**有做有說就有機會。**

在影片爆紅之後，每天都有人來店裡朝聖，有個客人一到，就用感動的眼神看著我，看得我突然一陣鼻酸，於是給了她一個擁抱說：「謝謝你！謝謝你來！」

快遞先生：「老闆娘，我有看到你們的影片，真的很厲害！很棒！」

鄰居說：「他們有上電視耶！」

還有人遠道而來，說看了我的影片後被我影響，也開始練習環保生活，每每都讓我好感動。一条影片播出後，我哭了兩天，打電話給一条的編輯說：「你是我的天使，謝謝你讓我的努力沒有白費，終於讓更多人看見了。」

　　台灣的各大媒體也紛紛轉錄報導，也被分享至各大社團，但我仍擔心網路的評價。在這之後每天都有採訪電話，電視的、平面的、網路的都有，每一段我都很開心接受，因為我可以藉由這種方式把好的事情宣傳出去，讓大家注意這個議題。

　　我也有看到一個網路平面報導，把所有的報導湊成一篇農場文，下了一個標題「這對變態夫妻……」我跟先生說：「有人叫我們變態夫妻耶！」我哈哈大笑，並沒有生氣，反而覺得很有趣：為什麼我們這樣愛環境的行為是變態？那真正的變態又是什麼？

　　每次拍攝之前，我都要準備好多功課，也很緊張怕表現得不好，**透過媒體可以影響到很多不會接觸到的人**，期待透過不一樣的溫度，可以**再多散播一點不一樣的種子，讓環境變得更好**。每次都有不一樣的想像。

　　我也和一些好朋友討論，朋友們過的生活可是和我一模一樣，常常也會問自己：「我們的日常有什麼好問啦？會不會太誇張了？」但其實**我們這樣零廢棄的日常，在別人眼中是異常**，很多人真的很難做到我們在做的事。只是同溫層太厚，有時很難想像，就像別人很難理解我們一樣。

　　我在這一年也常常到各地去演講，與大家分享我們的簡單生活。當你減少了很多垃圾，就會想要再減少更多。**有意識的產生垃圾不要有罪惡感，重點是你知道要減少。**無意識的產生垃圾，通常都是從無計畫性消費而來，**「突然」「順便」想吃或想喝，垃圾通常都是因為貪圖方便被製造出來的。**

　　報導刊出之後，難免也會受到嚴格檢視。有人問我，「那貓毛呢？灰塵呢？大便呢？」這真是個難題，我真的沒有把它們當成是危害環境的垃圾，我從來不覺得這兩樣會像塑膠垃圾，是會永遠存在這個世界上的物質。

　　當我努力減廢時，有人會說我矯枉過正，但是說到貓毛

和灰塵時，我在想你們也在矯枉過正啊！不過那都沒關係，也因為這樣子被檢視，我把它當成動力，督促自己要做得更好，於是也開始收集這些廢棄物，學習研究如何減少。

現在我也到處演講，抓住每一個機會宣傳「環保教」。

不只是在收集一罐垃圾

　　我一直在想，收集垃圾是可以證明什麼？大多數的人覺得，不可能只產生這麼少的垃圾。但我沒想太多，也來收集看看，我們家一個月的垃圾，兩人加上七隻貓咪，一家九口曾經只有 104 克垃圾。最多的是沒必要的收據、偶爾給貓咪吃的零食袋、藥包袋、發票載具明細、廣告單等，收集起來大約裝滿一個罐子，其實這些垃圾都還能再減少。

　　沒想到在收集垃圾的過程中及最後，我的收穫居然比減少垃圾還要大上許多，發現這不是在證明自己可能產生多少垃圾、拿來炫耀或證明自己有多厲害，而是在檢視垃圾的過程當中，可以限制自己產生不必要的垃圾，同時有意識的了解自己和消費行為。**我想能讓自己的生活意識再提高的方法，就是收集你產生的垃圾。**

兩人加七貓，一家九口
曾經只有 104 克垃圾

零廢棄生活的好處

　　有意識的生活讓時間變多了，因為垃圾變少，不用花時間倒垃圾、分類，而且沒有垃圾桶就不會有臭味，也不需要倒垃圾或追垃圾車了。以前的我只在乎自己花了多少錢，一直在資本主義下打滾，辛苦賺錢，再把錢花掉，要拋開物欲和便利的生活，簡直是要我的命，不是因為覺得困難，而是覺得「麻煩」，不想麻煩過日子，完全無視自己的方便會造成土地的負擔。

　　自從執行零廢棄生活後，**我吃得更健康，不再盲目消費**，每一筆錢都花在對的地方，會有意識的思考消費背後的意義。因為簡單生活，欲望少，東西就少，打掃的時間相對也少很多。**我多了許多時間可以運動、走向戶外，也可以多看幾本書、幾部電影**，生活中減少使用很多的化學用品，有意識的消費讓身體變得健康。因為不想過得與「普通人」一樣，但是又

想要更「普通地生活」，只好做一件很「普通」，但在別人眼中是很困難的事。

　　這就是我的「簡單生活」，我們需要分辨什麼應該買，養成良好的消費行為，有意識的消費，而不是當一個停止思考的購物機器人！**零廢棄是讓生活變成簡單的方法，讓生活不繁瑣、更精采。**不是透過消費來滿足心靈和欲望，放輕鬆的去面對，找出自己覺得有趣的方法，發現減廢不只是減廢，而是透過這樣的方法找到自己的人生目標。

1. 自己下田種菜，吃得健康快樂。
2. 三五好友一起勞動做堆肥。
3. 感興趣的課程不辭勞苦也去參加。

＜後記＞

這是對的事情，值得我勇往直前

　　曾經，我是一個無意識的消費者，生活就像工廠生產線日復一日沒有變化，辛苦賺錢再犒賞自己出國旅遊或百貨週年慶時大買特買，因為身體疲勞需要放鬆，再花大錢上健身房，消費過度後，又再努力賺錢，認真負責地工作，追求加薪、升遷，當得到讚賞、薪水多了一點多少會有些成就感，但心靈卻越來越空虛，一切的一切到頭來又回到日復一日的生產線。

　　2016 年底，我開始練習在生活上減少垃圾產出、減少沒有目的的消費，因為要減少垃圾，生活變得忙碌，幾年調整習慣下來多年的物欲都已經放下了，終於離開這條無意識且

無趣的生產線，展開更為開闊與豐富的簡單生活。我從來沒有想過減少垃圾竟可以改變我的生活，甚至可以變成一個專長。

　　環保生活到斷捨離的路上就像是在消業障，**自己買回來的垃圾自己負責解決**，為了讓物品不變成閒置在收納箱裡的垃圾，我盡量不丟掉東西，而是幫它們找新的主人，延續它們的生命不致造成地球的負擔。在這個過程中我恍然大悟，原來我把辛苦賺來的錢都拿來買想要而不是需要的物品，幾年下來我花了不少時間唸佛消災，已經唸完好幾個七七四十九

次了，由於環保真的帶給我極大的心靈滿足，所以一般人覺得很麻煩的減廢作業，我都不當作是亂買東西的懲罰，而是在做功德、消業障。

　　每天都很積極分享我改變生活的經驗，慢慢地累積了一些同溫層，結成一股力量，然後在一個記者朋友建議下，她說這必須被看見，**環境要變好不能一個人默默的做，要好好的發揮影響力**，「一個人走得快，一群人走得遠」。

　　她問我：「你會不會害怕媒體可能帶來的負面效應？」

　　我說：「我不會。」

　　她說：「但是，你還是要有心理準備。」

　　不知道哪裡來的勇氣我答應了，沒想到這股傻勁竟開啟了一連串的蝴蝶效應，越來越多的媒體報導我們的生活，越來越多人看到並被感動，不少人很正面的回應並且加入我們，這讓我更貪心了，期待這股正向的力量得以繼續發揮，再傳達給更多的人了解，一起來為環境做些好事。在思考的同時，還真的接連出現大小平面採訪、廣播節目、電視節目、學生專題報告、演

講等邀約，讓我有更多機會把環保的美好傳達出去。

　　在這一串媒體邀訪之後，最讓我意外的是，有兩家出版社找上我，問我有沒有意願把我的經驗寫成書，我真的受寵若驚，原本以為自己寫不出什麼，沒想到藉由提筆回顧過去幾年的經歷，從最初立志成為有意識消費者和生活者、著手減少垃圾、被嘲笑、被說是變態夫妻，就算偶爾受挫難過，但也只是更加堅定我零廢棄的決心，因為**這是對的事情，值得我勇往直前**。而且我身邊有越來越多相同理念的朋友，一起關心一樣的事物和環境，一起參與公共事務，一起共享日常的喜樂，一起開心大笑，我非常珍惜這群沒有心眼一起努力且有愛的朋友們，也很謝謝先生的全力支持，願意陪著我一路成長。藉此我要跟你們說，我愛你們，因為有你們的陪伴及聲援，才能讓更多人知道生活不只限於一種模式，我們的默默努力真的沒有白費。

　　從無意識到有意識的轉變，或許會因為身邊的人不理解而覺得有點辛苦，甚至痛苦，但其實獲得最多的還是我們自己，**變得懂得生活，懂得正確消費，懂得用快樂的方式賺錢，懂得吃好的食物**。我現在仍在簡單生活的路上，這條路沒有盡頭，但是卻很有意義，捨棄便利後生活的確會忙碌一些，

但是能**有意識的生活，再累再苦都是幸福**。

　　有機會拿到這本書的朋友，謝謝你們願意看我說，謝謝你們願意給我機會說服你們成為愛土地的種子，好讓我的環保教義得以傳播下去，更謝謝你們願意給自己機會變成一個有意識的生活家。

www.booklife.com.tw　　　　　　　　reader@mail.eurasian.com.tw

Happy Learning　180

零廢棄的美好生活：每月開支省1萬，垃圾越少越富足！

作　　者／呂加零
發 行 人／簡志忠
出 版 者／如何出版社有限公司
地　　址／台北市南京東路四段50號6樓之1
電　　話／（02）2579-6600・2579-8800・2570-3939
傳　　真／（02）2579-0338・2577-3220・2570-3636
總 編 輯／陳秋月
主　　編／柳怡如
專案企畫／賴真真
責任編輯／丁予涵・張雅慧
校　　對／柳怡如・張雅慧・丁予涵・呂加零
美術編輯／李家宜
行銷企畫／詹怡慧・曾宜婷
印務統籌／劉鳳剛・高榮祥
監　　印／高榮祥
排　　版／陳采淇
經 銷 商／叩應股份有限公司
郵撥帳號／18707239
法律顧問／圓神出版事業機構法律顧問　蕭雄淋律師
印　　刷／龍岡數位文化股份有限公司
2019年11月　　初版

定價 280 元　　　　　ISBN 978-986-136-543-5

從無意識到有意識的轉變，

或許會因為身邊的人不理解而覺得有點辛苦，

但其實獲得最多的還是我們自己，

變得懂得生活，懂得正確消費，

懂得用快樂的方式賺錢，懂得吃好的食物。

我現在仍在簡單生活的路上，

能有意識的生活，再累再苦都是幸福。

—— 《零廢棄的美好生活》

◆ **很喜歡這本書，很想要分享**

圓神書活網線上提供團購優惠，

或洽讀者服務部 02-2579-6600。

◆ **美好生活的提案家，期待為您服務**

圓神書活網 www.Booklife.com.tw

非會員歡迎體驗優惠，會員獨享累計福利！

國家圖書館出版品預行編目資料

零廢棄的美好生活──每月開支省1萬，垃圾越少越富足！／呂加零 作.
-- 初版. -- 臺北市：如何，2019.11
192面；14.8×20.8 公分. --（Happy Learning；180）
ISBN 978-986-136-543-5（平裝）

1.廢棄物處理 2.廢棄物利用 3.簡化生活

445.97   108015564